我们一起解决问题

站上山顶

日に新た：成功する心の持ち方育て方

［日］松下幸之助　著

刘善钰　译

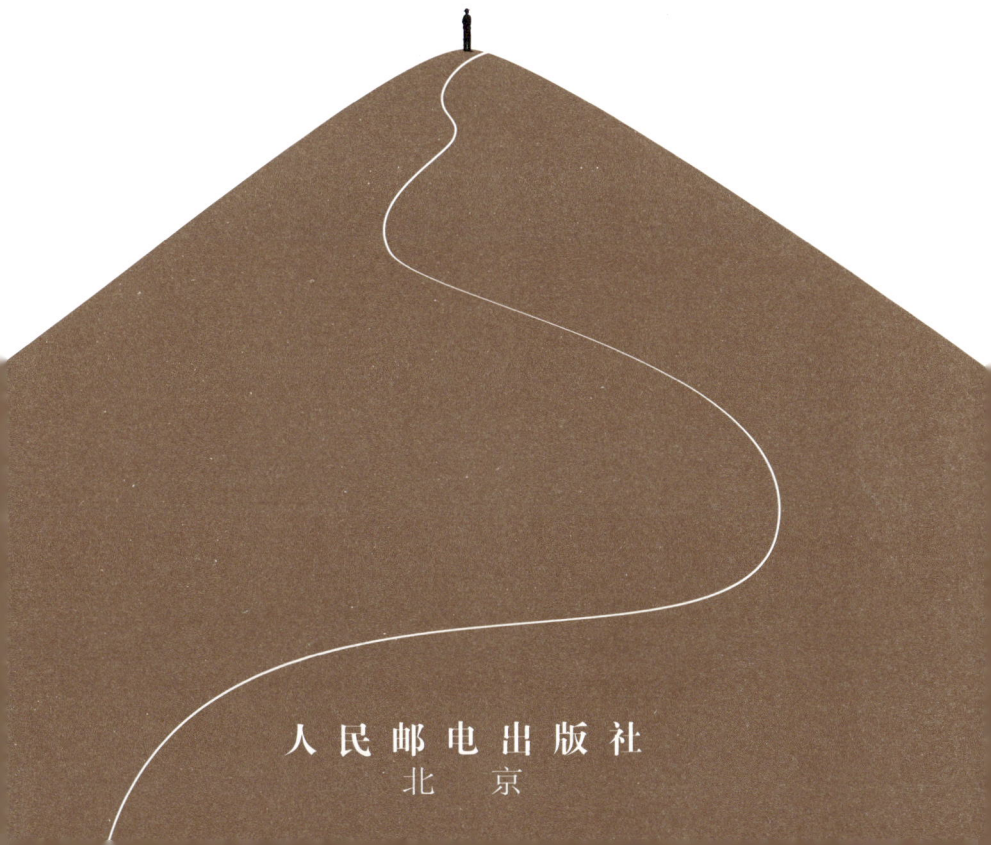

人民邮电出版社

北　京

图书在版编目（CIP）数据

站上山顶 ／（日）松下幸之助著 ； 刘善钰译. -- 北
京 ： 人民邮电出版社，2023.6（2024.1重印）
ISBN 978-7-115-60098-1

Ⅰ．①站… Ⅱ．①松… ②刘… Ⅲ．①人生哲学—通
俗读物 Ⅳ．①B821-49

中国版本图书馆CIP数据核字(2022)第177507号

内 容 提 要

我们可能正恣意地活在当下，也可能陷入了人生难解的困局。当感到迷茫时，我们需要一套跳脱现状的"装备"。这本书就提供了一套这样的"装备"。

日本的"经营之神"松下幸之助以一个"过来人"的身份，讲述了自己的奋斗经历，总结了很多关于成功的体会与感悟，其中包括工作理念、思维模式、为人处世的态度、心态与情绪等。这些内容能够为身处迷茫、正感困惑的人们提供借鉴，帮助人们实现自我更新与重置，成就更好的自己。

在信息时代，获取信息并不太难，甄别和决断才是难题；在物质文明发达的时代，生存并不太难，拥有幸福感和平常心才是难题……这些难题在本书中都有解答。希望每一位读者都能从松下的经验和思考中受益。

◆　　著　　[日] 松下幸之助
　　　　译　　刘善钰
　　责任编辑　谢　明
　　责任印制　彭志环

◆人民邮电出版社出版发行　　北京市丰台区成寿寺路 11 号
　　邮编 100164　电子邮件 315@ptpress.com.cn
　　网址 https://www.ptpress.com.cn
北京九州迅驰传媒文化有限公司印刷

◆开本：880×1230　1/32
　　印张：7.75　　　　　　　　　　2023 年 6 月第 1 版
　　字数：220 千字　　　　　2024 年 1 月北京第 6 次印刷
　　著作权合同登记号　图字：01-2016-8613 号

定　价：59.80 元
读者服务热线：（010）81055656　印装质量热线：（010）81055316
反盗版热线：（010）81055315
广告经营许可证：京东市监广登字 20170147 号

在日本企业界，有四位传奇人物，分别是松下公司的创始人松下幸之助、索尼公司的创始人盛田昭夫、本田公司的创始人本田宗一郎和京瓷公司的创始人稻盛和夫。他们被称为日本的"经营四圣"。在"经营四圣"之中，松下幸之助更是被尊为"经营之神"。

无论在哪个国家，能获得成功的企业家都不计其数，但能够提炼出经营之道的企业家却为数不多，能够成为众人推崇的"神圣"级别的人物更是凤毛麟角，松下幸之助则是其中的一座"丰碑"。他不仅创立了一家享誉全球的成功企业，还提出了一套具有普遍意义的经营哲学。

松下幸之助一生获得的荣誉数不胜数，他在日本国内被多次授勋；在国际上，也获得了很多国家的授勋。松下幸之助晚年孜孜不倦地著书立说，写了大量深入浅出又富含哲理的文章。

由于这些成就，松下幸之助于 1965 年获得了日本早稻田大学的名誉法学博士称号；于 1986 年获得了美国马里兰大学的荣誉博士称号。不可否认，松下幸之助逝世后，松下集团的经营产生了种种问题，但是，这并不能抹去松下幸之助的成就和思想贡献。正如福特汽车公司和通用汽车公司的荣光虽然不复当年，但亨利·福特和阿尔弗雷德·斯隆却盛名常存一样，松下幸之助的实践、思考及著作，都给后人留下了一笔宝贵的财富。

其中，他的"素直之心"理念和稻盛和夫的"敬天爱人"思想同样朴素，同属"人间大道"。稻盛和夫师从松下幸之助，所以二人在经营理念上一脉相承，都顺应并立足于时代趋势，从东方哲学中吸取养分，发展出一套经营和处世的哲学体系，并在企业和社会中推广践行。

他们的骨子里都有一种与生俱来的大爱和使命感——始于事，终不止于事；始于利，终不止于利。因此，他们在著作中传达的是一种"道"而非"术"。

在互联网时代，创业并不太难，持续经营才是难题；在信息时代，获取信息并不太难，甄别和决断才是难题；在物质文明高度发达的时代，生存并不太难，拥有幸福感和平常心才是难题。我们会惊讶地发现，这些难题在松下先生的著作中都有解答。

2014 年，在松下幸之助诞辰 120 周年同时也是他逝世 25 周年之际，其一手创办的 PHP 研究所在松下第三代传人松下正幸的主持下，重新整理出版了松下的一批著作。这些著作均为松下亲笔撰写或者口述，在日本乃至全世界都影响深远，无数读者都曾有意或无意地研习过松下的经营理念及人生哲学。

松下幸之助传达的都是"道"，而不是"术"。"术"是生长在"道"上的一种方法，而"道"则需要我们躬身践行。知易行难，希望大家通过阅读这本书，能摆脱既有的观念、知识、经验、情感的束缚，修得一颗"素直之心"，发现真相和本质，更好地经营企业和生活。

关于成功

松下非常重视人的成长以及做人方面的成功，他曾经讲过这样一段话。

迄今为止我从商 60 年，与数以万计的零售商打过交道。在这当中，我见过很多会做生意和不会做生意的人。如果由此来判断什么样的人为成功者，我认为那些即使具备聪明头脑与勤勉素质的人也未必是成功者。成功者除了具有难以用语言表述的人格魅力之外，还必须具备其他素质。

从中可以看出，松下认为成功不仅要天资聪颖、勤勉肯干，还要靠"运气"和"亲和力"。

松下常说"自己运气好"，想必确实如此。一个立志想要成为领导者的人如果常说"自己运气不好",下属岂不忧心忡忡?说穿了,又有谁会拥戴一个自认为时运不济之人呢?

"运气好"这句话正是松下历经各种艰辛之后依然保持斗志昂扬的乐观心态的体现。

松下不断磨炼自己,努力去适应复杂的社会,在这一过程中得到了支持与帮助,并取得了持续成功。他的经历和感悟提升了境界,他对何为成功者的理解也折射出其深刻的人生哲学。

究竟如何做才能成为成功的领导者呢?松下常常教导学员们说:"成功的领导者靠的不是知识而是智慧,不是用知识去理解,而是用心去领会。"他强调的是一个"悟"字。

他的这句话其实是在劝诫领导者要注重日常细微琐事,并认真对待。

　　松下常常会强调"扫除"的重要性（松下关于"通过扫除来感悟"的见解将会在后文里详细介绍）。在《大学》中，有关于"修身、齐家、治国、平天下"的说法。松下非常认可这一说法，他劝告大家首先要做到修养自身，努力提升自我，唯有如此才能治理好整个国家。松下终其一生所做的努力，都是在对这一理念进行不折不扣的实践。

　　在危机时期，领导者更应该与眼前严峻的现实做抗争。拥有 30 名员工的企业领导者，其肩上就担负着保障这 30 名员工以及家人在内的上百人正常生活的责任。如果再包括相关联的其他公司，那么可以说影响着众多人的生计。在如此严峻的条件下，要承担起这么多人的生计绝非易事。领导者平日里若没有对综合素质、精神意志、决策判断等能力以及智慧的磨炼与积淀，是绝不可能做到的。

站上山顶

素直之心

"素直"是松下政经塾的核心理念。那么，什么是"素直"？大体上讲，可以将"素直"理解为"坦诚"。为什么说是"大体上"呢？《庄子·马蹄》中讲，"同乎无欲，是谓素朴。"素，就是无欲、纯真、本色、朴素、淡泊。什么是"直"呢？直，就是不转弯抹角、直截了当、正直、忠诚。因此，"素直"一词有多种含义，比如，真诚、诚恳、本真、坦率、坦荡、坦然、质朴、率真、朴实无华等。它具有这么多的内涵，所以说"坦诚"二字，无法代表"素直"的全部含义。本书中有时根据需要把一些地方的"素直"改成了其他词语，但坦率地讲也并非完全准确。由于没有完全对应的含义，对"素直"二字或许不加翻译更为妥当，一如佛经中的"般若"一词。

日日新

松下幸之助的人生观、世界观的根源都是出自"世间万物无一不是日新月异"这一思想。松下幸之助认为世界是不断生成和发展的，因此我们应该努力让自己以更好的姿态去追求更大的进步，要时刻以最好的精神状态与创新的精神去努力工作。

对松下幸之助而言，年轻是人生最大的价值所在。在一次演讲中，他对年轻人说"如果可以，我宁愿舍弃一切来换取回到你们这个年纪"。他还说"青春即心的年轻"。他自己便始终保持着年轻的心态。

自来水哲学

松下幸之助所说的"产业人的使命"以"自来水哲学"广为人知。他曾说过，往来的行人口渴时饮用路旁的自来水并不会招来别人的指责，是因为自来水既廉价，量又多到饮用不尽。"我希望我们能做到像自来水那样，通过给社会提供大量物美价廉的产品来使人们过上幸福的生活"，这种愿望一直鼓舞着他。

● 松下政经塾塾训 ●

素直之心集众智

自修自得探究事物本质

寻求日新月异的生存发展之道

松下政经塾五项原则

一、坚持

若常心怀大志竭力而为当为之事，则无论遭遇何种困难必有路自开。成功之要谛，在于坚持不懈。

二、自力

依靠他人，事不前。唯有依靠自己的力量，用自己的腿走路，方能赢得他人的共鸣，凝聚智慧与力量，收获成果。

三、学习

所见所闻皆学问，将一切体验都当作研修，发奋努力，方能真正进步。留心观察，万物皆可为我师。

四、开拓

不因循守旧，不断开拓创新。唯有时代的先驱，方能打开新的历史之门。

五、协力

人才济济确为幸事，但不和则不能取得成功。唯有常怀感恩之心，相互协作与信赖，方能实现真正的发展。

目录

第一章
拥有热情

第二章
持有信念

第三章

自律与自省

第四章
思维方式

第五章
调整好心态

第六章

面对迷茫

第七章
价值

第八章
走出困境

第九章
务实

第十章
心境

第一章

拥有热情

001

松弛感：心怀蓝天，轻松愉快地工作

朋友们，春天终于来了。严寒日渐远去，阳光温暖、万物复苏的春天正向我们走来。

在这个季节里的某个晴朗的日子，深深地吸一口气、仰望蓝天，实在令人心旷神怡。春天给人以希望，仰望蓝天能够让人们的心胸更为宽广。

每个人的思想、性格以及成长环境都不尽相同，有的人对人生充满期待，有的人则常常哀叹悲观。但不论什么时候，我都希望大家能够心怀蓝天，不要被一些小事牵绊，不要因微不足道的事情而闷闷不乐，我希望大家都能怀着如春日晴空般的心情轻松愉快地开展工作。

春天终于来了，让我们一起好好享受这个美好的季节吧！

我们在享受春天的同时，也不能过度沉迷。就像喝酒，微醉的时候最是身心愉悦。一旦我们沉迷于酒精不能自拔，就有可能与人发生口角，甚至带来不必要的麻烦，从而得不偿失。同样的道理，我们也不能一味沉迷在这美好的春天里，必须学会适当享受，调整好自己的心态，拥有刚刚好的松弛感，从而找到新的灵感、产生新的希望，迎来百花齐放的人生。

心怀蓝天，憧憬我们如春日晴空般的人生。这是多么美好的季节！在这个季节里，让我们昂起头望向蓝天，怀着轻松愉快的心情投入工作吧！

002

心流：星空下，保持从容的心态

连日来天气虽然很热，但早晨和傍晚已经变得很凉爽了。不知从哪儿传来的虫鸣声告诉我们秋天马上就要到来了。

在这群星闪烁下的夜晚，当结束一天的工作、吹着凉爽的微风时，谁都会觉得心旷神怡。白天越是炎热，一天的工作越是紧张，夜晚当你洗个澡，冲去一天的疲惫时，你就越会感觉自己像躺在红丝绒上一般舒爽。这也是每个人都能体会到的生活的乐趣。

此时，一种莫名放空的状态、冲过澡之后清爽的感觉，还有结束一天工作后放松下来的心情交织在一起，令人幸福感"爆棚"，有时还能从中激发出一种面向未来的斗志。我觉得在这些看似微不足道的时刻，蕴含着许多人生智慧。

仰望星空，你会产生心流体验。这也和我们看到路边的小花就能感受到放松、听到小鸟的鸣叫声就能得到某种心灵的愉悦一样，这些感知都是我们生活中不可或缺的、弥足珍贵的。

这些美好的情绪绝不是那些每天只知道忙忙碌碌的人能够体会到的。遗憾的是，我在忙碌的时候也经常忽略身边的美好事物，失去那一份平静与从容，或许是因为我的内心修养还不足吧！所以，从现在开始，无论生活怎样忙碌，都请你努力做一个从容不迫、懂得欣赏身边美好事物的人。

003

格局：豁达带来共赢

炎热的夏天过去了，让人心旷神怡的秋天终于到来了，现在是一年中最好的季节。清新的空气、万里无云的蓝天，让人有一种整个身心都得到洗礼的感觉。在这种时节里，我觉得大家的心境也会变得平和。

但是，一个人要想一直保持这种平和、豁达的心态是非常困难的，人们往往执着于一种立场、局限于一种看法。如果用这种偏执的思维来判断事物，正如戴着有色眼镜去看待事物，你就无法认清事物的本质。这不仅仅是本人的不幸，有时也会给他人带来不幸。因此我们必须相互提醒，时刻保持一种客观的态度。话虽如此，这却是一件极难做到的事。我们偶尔会失误，这属于人之常情。我认为在这种时候，必须互相协商、互相指导，也就是说我们要怀着慈爱的心，互相照顾、互相帮助。

我认为憎恨也是一种狭隘的思想。相反，憎恨不会带来好结果，友爱才能使人们生活得更加美好。对我们来说，没有比双方互相憎恨更可悲的事了，也没有比双方互相帮助、共同创造美好生活更美妙的事了。

004

拆解：找出应对困难的方法

不管多大年纪，新年对我们来说都是美好的，它让我们的心情焕然一新，让我们在新的一年里都产生新的愿望。大概这就是新年的意义所在吧。

回顾过去一年日本的经济发展，我认为近期的经济形势可能不会让人太乐观。虽说刚刚迎来新年就说这样的话有点为时过早，但很多地方已经显现出经济可能会陷入萧条的征兆。预计今年赤字数额还会持续增加。此外，日本国内市场的生产过剩现象也愈演愈烈，市场竞争激烈，经济环境也将变得更加恶劣。在这样的形势下，我们真的不能太过乐观。

尽管如此，我们也无须悲观。**虽然今年必定是困难重重的**

一年，但兵来将挡、水来土掩，找对方法、稳步前进——我们只要做好自己的事情，自会从中找到破解的方法。我们要做的是在正确认清事物的同时找出应对困难的方法，相互理解，做好自己该做的事。

各位同仁，今年的开业出货仪式①已经圆满完成。从明天开始，我们要更加努力地工作，让我们为了在这一年里取得更大成就而努力奋斗吧！

---

① 指新年开业的第一天所举行的出货仪式。松下幸之助从 1931 年开始将其定为全公司每年都要开展的商业活动。——编者注

005

破局：拥有核心竞争力

当我们还在说着"恭喜啊""新年好啊"的时候，正月已经悄悄过去了，时间流逝得真快。让我们打起精神，以稳健的步伐继续前进！

就像我之前说过的那样，预计今年经济会很不景气，对此我们需要有一定的思想准备。不过我认为，即使经济不景气也还是会有应对的办法。经济景气的时候，收入有所增加，我们在购物时就不会过多在意商品的价格，经常大手大脚地花钱。一旦赚钱变得不容易，我们在购物时就会考虑很多，希望买到性价比更高的商品。因此，当经济不景气时，人们就会更多地关注商品的质量以及服务是否到位等问题，最后在市场上存活下来的往往是那些质量与服务都做得很好的企业。

所以，今年我们必须拼尽全力生产出更为优质的产品，并且在服务方面也要做得比别人更好才行。展现我们核心竞争力的时候终于到来了。

回顾我们的发展历程，松下电器经常能够突破类似的恶劣处境，并不断取得成功。我看到了各位的决心与努力，也了解你们在思想上已经做好了充分的准备，因此我依然认为，这次我们会再次克服困难、取得成功。但如果我们麻痹大意，就一定会在经济不景气的浪潮中被淹没。可以说，我们现在正处在一个巨大的分水岭面前。

各位，让我们一起努力生产出更为优质的产品，提高我们的服务水平，发挥出我们真正的实力，让松下电器在今年再一次实现飞跃式发展吧！

006

蓄势：万物复苏的季节

直到最近，残留在山上的皑皑白雪在温暖的阳光的照射下才悄然融化，樱花的花蕾也含苞待放，春天终于来了！想必在有些地方已经能看到早开的彼岸樱那星星点点的美丽花瓣了吧。

无论冬天多么寒冷、无论冰雪多么坚硬，在春天温暖的阳光下也会不知不觉地发生变化——草木萌芽、花朵绽放，呈现出一派欣欣向荣的景象。春天的确是万物生长的季节呀！

春天如此美好，我觉得我们既要充分地享受这美好的季节，也要让自己努力成长。享受春天与享受人生是一样的。在漫长的人生道路上，我们一定会有不顺心的时候，也会有不快活的时候。如果我们能像享受春天一样去享受人生，那么我们的心情就会变得像春风一样美好，就能感受到生活的意义。正如山野间的树木一年一年地增加年轮一样，我们每个人的内心也会一年一年地不断成长。

请你一定要记住，享受春天就像享受人生，享受人生也如同享受春天。

朋友们，春天是一年中最美好的季节，此刻就让我们尽情地释放仍蜷缩在寒意中的心情，充分地沐浴阳光，惬意地享受春天吧！让我们养精蓄锐，蓄势待发。

007

逆向：换一种方式思考

　　朋友们，春天终于来了。一阵暖暖的春风吹来，让人感到身心愉悦，这么美好的季节实在让人陶醉。

　　但是，如果你每天都关注时事的话，就会知道最近都是日本经济形势日益严峻的报道，实在让人郁闷。不同于这和煦的春风，在我们身边刮起了一股萧条之风。一方面，日本的生产成本过高导致出口竞争力下降，出口额持续萎缩，因此日本必须想办法降低物价水平，调节经济。另一方面，普通民众的收入减少直接导致购买力下降，说起来真是令人烦恼。

　　然而换一种方式思考，我却认为时不时出现的不景气对于我们来说也不是一件坏事。尽管我们了解很多前人的经验与教训，但如果不亲身经历一番，是不会轻易改变的。正如"好了伤疤忘了疼"这句俗语所说，我们总会糊里糊涂地犯同样的错误。

困境虽然不是一件令人高兴的事，但由此也可以让我们重新审视自己。如果我们换个角度来重新思考，就会发现在经济不景气时期，我们可以调整自己，以更积极的心态去开启新的征程。

松下电器也是抱着这样的想法，通过合理的改进措施来降低成本，在不景气时期谋求更大的发展。作为松下电器的一名员工，我希望大家都能以这种心态妥善处理今后出现的各种困难。

008

稳：团结一致，稳步前进

今年将是困难重重的一年。这一点我在年初的经营方针发布会上就强调了很多次，如今的经济形势也确实不好，许多问题都有待解决。与此同时，业界的竞争也日益激烈，经济前景不容乐观。

在不太乐观的大环境下，我们公司也必将受到影响。此时，最重要的是冷静判断与团结合作。**如果船长能够沉着地把握航向，船员能够冷静下来采取一致行动，那么无论遇到多大的暴风雨，这艘船都能够稳步前行。**相反，如果船员慌张地进行判断并擅自采取行动，就会破坏团队合作，阻碍船的前进。

公司的经营也是一样的道理。如今是公司发展的关键时期，我们每天在早会上讲的"友好团结的精神"正是此刻的我们最需要的。

    不知不觉,樱花已经飘落,到了嫩叶出新的时节。嫩叶充满着生机与活力。希望我们公司也能够像那嫩叶一般,保持勃勃生机。为此,我衷心希望各位能够发挥自身的聪明才智,紧紧地团结在一起。

009

勇进：如小香鱼般朝气蓬勃

到了山清水秀、春意盎然的季节，山谷间的溪流中闪烁着星星点点的银光。自 6 月 1 日起，捕捞小香鱼的禁令就能解除，相信一定有人期待着在周末拿着钓竿，去享受一整天的垂钓乐趣吧。

众所周知，小香鱼喜欢栖息在清水中，尤其喜欢水流湍急的地方。水流越是湍急，它们越能活力充沛、精神抖擞地游动，仿佛只有在激流中才能让自己感受游动的快乐和生存的价值。

我想如果我们可以用小香鱼那样的心态来面对人生，那么无论面对怎样的困境，我们都可以克服！虽然到现在为止，我对当前经济不景气的认知以及应充分做好哪些心理准备等问题强调了很多遍，但我还是衷心希望大家在经济不景气时期让内心也能保持勃勃生机，以充满活力的心态去面对挑战。

如果我们生活在死气沉沉的环境里，就会变得迟钝，更不会产生智慧。如果竞争变得激烈，我们的神经也会紧绷起来，思维也会越来越敏捷，这样大家就能从中感受到生活的意义、理解工作的价值，我们公司的发展也就指日可待了。

这真是个美好的季节啊！请大家在注意身体健康的同时，也能拥有如小香鱼那样朝气蓬勃的心态，精神饱满地投入工作！

010

入局：沉浸式工作

　　阴郁的梅雨时节一过，马上就正式进入了夏季。积雨云经常带来一场短暂的雷阵雨，使炎热的天气顿时清爽起来。

　　在这酷暑难耐的季节里汗流浃背地工作实在不是一件轻松的事情。身体会时常感到疲倦，甚至会感觉很不舒服，而且人在这个季节也很容易患病。所以，大家要好好注意自己的健康。

　　一味埋怨天气炎热是没有意义的，我们要做的应该是转换心态，给生活加一点"甜"。积极心态取决于我们的思考方式。我觉得只要在心理上做一些调整，就能在酷暑中感受到幸福与乐趣。

　　打个比方，咱们当中也有喜欢在炎炎烈日下打棒球的人吧。旁观的人看到打棒球的人大汗淋漓、脸被晒得通红，就会认为他们很辛苦、很值得同情。**但是局中人却根本不在乎，因为全身心投入其中，所以他们完全不觉得有多么辛苦，反而会觉得很享受。**

　　我们在工作中能不能也拥有这样一种心态——像享受在烈日下打棒球一样去享受工作？如果我们能保有这种精神，它将为我们彼此的幸福与社会的繁荣提供强大的动力。

　　实在是炎热的季节啊！但我希望大家能把酷暑当作一种考验，磨炼我们的意志，让我们生机勃勃地生活！

第二章

持有信念

011

善断：信念和判断力

朋友们，你们都好吗？天气真是热呀！大家一定要好好注意身体健康，千万不要生病了！我的身体还算健康，可只要一想到公司如今的经营面临困境，我就会坐立不安。

我想和大家聊一聊如何才能让自己成为一个出色的人。其实这也并不是一件很难做到的事，只要大家能够做到用自己的眼睛看清事物的本质、用自己的头脑明确分辨是非与善恶。

俗话说"一马疯则千马狂"，说的是马会成群结队地跟随在领头马的身后，如果领头的马发疯的话，其他马会随之发狂、东跑西窜。

难道我们没有这样的倾向吗？没有认清自己到底应该怎样行动，没有明确什么才是正确的认知，只是一味地人云亦云、随波逐流，这样是绝对不行的！

即使其他人犯了错，我们也绝不能跟着犯错。我希望大家能够拥有这种坚强的信念和强大的判断力。如果能将这样的员工团结在一起，就不会有克服不了的困难。

各位，我们现在正处于困难时期，应该对眼前的事物有清晰的认识，让我们用自己的力量守护公司，保障 1 万多名员工的生活与福利吧！

012

日日新：每一天都是新的开始

大家新年好！喜迎新春，祝贺大家身体健康！新年新气象！新年新希望！这个新年是我迎来花甲之后的第一个新年，所以心里涌出许多与过去不同的感慨。在我人生的60年时间里，我切身感受到如果没有众多朋友的大力支持和帮助，我不可能平安地走到今天。

所以我想借此机会说出我的愿望。**我希望自己像"新生儿"那样，在接下来的人生里获得重生，我要拿出更多的勇气，更加坚实地把我的第二段人生走下去。**

大家在接下来的日子里大概也会遇到各种各样预想不到的事情，这种时候请大家不要垂头丧气，一定要坚持不懈、认认

真真地走自己的路。每一天都是新的开始——持有这样的生活
态度，一定有益于你们的人生，这也会让大家真正认识到人生
的意义。让我们精神抖擞地迈向新的一年吧！

013

山顶思维：社会决定企业的发展

在一声声"恭喜、恭喜"的祝贺中，正月转眼间就过去了，我们已经听到了春天到来的声音。差不多也该收收心、鼓起干劲投入工作了。

今年，从精神饱满地送出第一批货的新年开业那天开始，不知为何，我总感觉对未来充满信心，内心也干劲满满的。虽然市场行情与通货紧缩的局面并没有改变，但是较去年相比已经好了很多，因此我就想着，说不定我们公司在今年能够实现飞跃式发展，我现在的心情既紧张又兴奋，对未来充满了期待。

但是，无论自己是否感觉良好，我们公司能发展到何种程度也并不完全由我们自己所决定，而是由这个社会、这个世界共同决定的。**所以我认为，我们在对自己的工作保持热情的同时，也要对这个社会常怀谦虚之心。**若是失去这种心态，我们就会变得自以为是，那样做无异于自断生路。

在刚刚过去的 1 月 10 日，公司举行了本年度经营方针发布会，会议的内容 ① 我想大家都已经知道了。在接下来的 11 个月里，希望大家团结一致、奋发向上，取得更好的成绩！

---

① 指松下幸之助在年度经营方针发布会上宣布了"在企业经营中坚持集思广益原则、坚持公正公平的竞争理念、坚持生产技术与品质的持续提高"等管理方针。——编者注

014

空窗：慢一点才更快一点

各地的花期已过，嫩叶已经开始发芽。时间的流逝真是太快了！

如此说来，动不动就生病的我，自从京都府立医院出院到现在，倒也没有生过大病。不知不觉 18 年过去了，时间过得真是太快了呀！

不过最近我的身体状况真的变差了，医生说我有轻度心脏病，时隔 18 年我到底还是住进了医院。大家都认为我是因长期劳累而生病的，我却觉得自己是因为一直操心的公司的重建终于有了些头绪，心里这根紧绷的弦松了才导致住院。幸好不是什么需要担心的大问题，我觉得大概一个月就能出院。不过我思前想后，觉得即便出院了，也还是需要继续静养一段时间。

各位都在拼命地工作，而我却说自己出院了也要再静养一段时间。这种想法也许很奢侈，不过在我看来，这个选择是正确并且明智的。因为我想趁这个机会好好犒劳一下长期饱受痛苦的身心，彻底消除身体上长期的疲惫，再次恢复活力，好好考虑有关企业和人生的各种问题。我想，选择继续休养身体，不论对我还是对公司而言都是有好处的。

不论多么精巧的机械，有时也要停下来"加点油"。可能我也有必要"加点油"了。

015

投入：5% 的改变

今年夏天虽然很热，但是我感觉最热的时期已经过去了，早晚变得很凉爽。大家都还好吗？

托大家的福，我的身体已经完全康复，8 月 1 日我已顺利出院了。经历了长达 5 个月的疗养生活，我时刻想着要在接下来的日子里再好好地努力一把。

凡是立志做成一件事并最终取得成功的人，无一不是费尽心血、刻苦努力的人。 不论是艺术家还是运动员，他们都珍惜一分一秒，在自己选择的路上发奋努力。就连现在很有人气的职业摔角选手，也明白安闲无事、不参加比赛或训练，肌肉就会松弛，所以他们都在不停地锻炼身体，一刻都不敢松懈。

仔细想来，这种努力的精神，与我们所号召的"认真地投入工作"是一脉相承的。总而言之，我认为通过工作来锻炼自己，努力让自己不断进步与提升才是最重要的。我们把松下电器看作一个整体，如果公司没有努力学习的风气，那就不要指望公司有什么进步与发展了。

所以我希望大家不仅要做好当下的工作，还要通过努力学习与积累，不断地进行开拓与创新，以实现新的突破。万幸我本人也恢复了健康，我也想更进一步去学习与提高，同时我在各方面都对大家寄予了厚望。

016

坦白：面对错误的勇气

收获的季节即将来临，因为今年会迎来前所未有的大丰收，所以每个农民都充满了活力，脸上都洋溢着喜悦。不仅是农民，就连在城市里工作的我，也感受到了大丰收带来的喜悦，可以说全日本都在分享着丰收的喜悦。

在即将迎来丰收之际，我越发深切地感受到劳动不仅能让农民感到喜悦，也可以让大家感受到希望，我们应该以这种积极的心态继续努力工作下去。然而，任何事情不见得都会如自己开始打算的那样顺利发展，我们偶尔也会犯下意想不到的错误，也会失败。当然，最好是能够从一开始就不犯任何错误，但人非圣贤，孰能无过？重要的是，犯了错以后我们应该如何去做。这时的做法往往决定了一个人能否成功。

　　最好的做法是坦率地承认自己的过错，并马上改正。虽然这是最平常不过的做法，但我觉得再没有比这更好的了。有的人犯了错，却认为事到如今也不能重来了，只能硬着头皮走下去，如此便一错再错，我认为这样的态度是最危险的。比起犯错，这种思想与做法反而更加可怕，我们应该警惕这一点。同时，我们应该以宽容的心态原谅那些犯错的人，这样才能让我们的工作顺利进行下去。

017

契约：计划必须实行

对于我们公司来说，开年出货仪式和经营方针发布会①是今年年初的两大重要活动。去年多亏了大家的努力，公司的各项业务得以顺利推进。新年过后，我们又要开始新的征程了。迎接新年的各种装饰已经撤除，开年活动也过去了 10 天，再也不能一直稀里糊涂地过下去了！

虽然去年形势严峻，但年初制订的计划基本上也都顺利完成了。今年也请大家继续努力，况且今年的经济形势比较好，还是有努力的价值的。

---

① 在发布会上松下幸之助公布了"年销售额从 1955 年的 220 亿日元，到 1960 年要实现 800 亿日元"的五年计划。——编者注

然而，有些人会认为计划终究只是计划，实际上根本不能顺利实施，他们对计划能否完成满不在乎。对于这种忽视计划的不良风气，我们公司是一律抵制的。当然，那种不切实际或欠斟酌的计划从一开始就没有制订的必要；但如果是基于冷静的判断制订出来的计划，哪怕看起来实施的过程会很困难，只要我们不断投入精力就一定能够实现。而且在这个过程中大家也能体会到工作的乐趣。合理的计划如果不能实现，那肯定是因为我们投入的精力还不够。

我们公司已经定下了今年的发展计划，并在每个部门进行了公示。这也是今年我们公司的工作目标，也是我们每个人与自己签订的契约。

所以，让我们打起精神，为达成这些目标而努力工作吧！

018

底气：满足大众的需求

春天的气息越来越浓了，大家身体还好吗？所幸我的身体状况还比较好，想做的事情也特别多。今年对于我们松下电器而言，是至关重要的一年，工作多到怎么做都做不完。即便如此，我也十分注意让自己量力而行，虽然我总是不由地将自己的全部精力投入工作。

话虽如此，不管大家怎么努力，如果我们的产品不能够满足大众的需求，也是没有任何意义的，还会为公司带来负面影响。**也就是说，服务大众、满足大众的需求才是我们最重要的职责所在。** 也因为这一点，我们才能从投资者那里筹集资金，用来招聘人员、购买设备。这一点非常重要，如果我们忘记了这一点，我们就失去了存在的意义。

然而有些人还是会忽略大众，这无疑是严重的错误。大众是公正贤明的，因此我们才能得以依靠并为之服务。

虽然形势严峻，但我们不能拘泥于眼前，必须勤恳、踏实地工作才行。

天气日渐变暖，身心也更加舒畅。希望大家务必保重身体。

019

更新：欢迎新员工

　　用不了几天，今年仍会有一批年轻的新员工入职，加入我们的大家庭。新员工将为我们公司注入新鲜的血液，我们衷心地欢迎他们，同时也希望他们能够真正理解公司的使命、明确职责、认真工作。

　　如果换一个角度考虑，我们就会发现其实公司和社会之间存在着如同员工与公司之间的关系。松下电器加入了一个叫作"社会"的大集体，就像普通员工一样在这个大集体中工作，所以，我们必须了解社会的需求，努力地工作。

　　正如我们公司的员工只要没有消极怠工就可以拿到工资一样，松下电器只要不断地为满足社会的需求而努力工作，当然也能拿到相应的报酬。这不就是所谓的公司收益吗？如同大家从公司领到工资一样，公司也从社会那里"领工资"。**所以说，社会要求公司去做的事情也就是公司要求大家去做的事情。**

这是最根本的观点，只要不忘记这一点，我们应尽的责任和义务自然就能变得清晰起来。

俗话说，热到秋分，冷到春分。春分已经过去，终于要迎来真正的春天了。我们也即将迎来一批新员工，希望大家都能够精神抖擞地工作。

020

持续：内心的成长不停息

时光如梭，感觉刚刚举行完今年的经营方针大会，今年就即将过半了。我们除了要商讨最近一段时间公司业绩的扩展情况，还要认真地进行自我反省，使每个人的内心都能得到成长。

生理上的成长到了一定时期就会自然停止。然而，只要我们肯用心并付出努力，内心的成长可以是无止境的。这种内心的成长，才是人类真正的成长。**不管一个人多么年轻，内心如果变得迟钝了，那么就可以说这个人已经老了。**随着时间的流逝，有些人的内心更加充盈、具备丰富的经验与判断力、朝气蓬勃、对未来充满希望，这样的人便可以获得无限成长的可能。

　　我已经过了花甲之年，也可以说是一位老人了。然而我决定维持内心的年轻，不让"老人"这个词出现在我身上。不仅仅是我，公司里大部分员工也一直保持着积极进取、朝气蓬勃的心态，这也是我们公司潜在的生命力。

　　我希望大家能够一直保持内心的成长，同时以积极的心态学习各种知识，这样我们才能真正明白自己工作的价值与意义。

第三章

自律与自省

021

反刍：复盘行为

空气中似乎已经弥漫着秋天的气息，大家近来过得都挺好吧？

我本以为今年夏天受 9 号台风的影响，酷暑期已经过去了。只是没想到，进入 9 月后夏季的高温卷土重来，连续多日气温超过 30 摄氏度。长期的高温天气连我都有些吃不消了，或许是因为我上了年纪吧。自然规律果然不可抗拒啊！

万事万物都要遵循自然规律，但我们有时过于夸大人类的智慧，让我们只看到人类的力量，却时常忽视自然规律。这样下去，总有一天我们会走向穷途末路。我们的身体也不例外。换句话说，人呢，上了年纪就该注意自己的身体了。

然而，说着这种话的我，似乎看起来已经相当年老了，但我的内心依然保持着年轻的心态，不断燃烧着新的希望。但是，如果我还是像以前那样超负荷地工作，想必会令大家担心，所以今后我会好好保重自己的身体，我也希望每天都能和大家一起精神饱满地工作下去。

秋天是自然变化最为明显的季节。**虽然我们都很忙，但我还是希望大家能在这样的季节里，时不时地出去看看山野的变化、静静地思考自然的法理、反省自身的行为，这或许能使我们在未来走得更坚定有力。**

022

细节：越顺利越要保持高度警惕

今年是我们公司实行五年计划的第一年，关于实施新计划是否具有实质效果，平日里大家都很关心，因此，对于公司今后的每一步发展，我都会向大家一一说明，从而让我们对彼此拥有新的期待，并坚定我们的决心。实行五年计划至今，受益于良好的宏观经济环境，公司发展得很顺利，取得了超出我们预期的业绩。这是一件可喜可贺的事情，按照这个势头，10月份的销售额应该还会进一步保持增长。

但令人意外的是，根据近10天的预测，10月份的销售额可能不会继续增长，甚至有可能会低于9月份的。虽然去年10月份的销售额较之9月份的也有所下降，看似没必要过多地焦虑，但在今年经济景气的背景下10月份的销售额也出现这种状况，我就感到有些担心了。

俗话说，千里之堤溃于蚁穴。我们必须对工作中出现的任何问题都保持高度警惕，充分进行讨论，及时采取相应的解决措施。**特别是在发展顺利的时候，小的问题往往容易被忽略，这样就有可能酿成不可挽回的巨大损失。**关于本月销售额的变化情况，我打算进行多方面的探讨，同时我也希望大家加强自我反省，或许这些做法显得有些过于严苛，但我只是想在这里跟大家稍微聊一聊关于公司经营上的事情，希望大家能够理解。

留心细节

小的错误中会隐藏着巨大的祸根，松下幸之助就是以这样的理念来经营企业的。松下幸之助认为员工在犯了大错的时候，自己都能进行深刻反省，然而小的错误却经常被忽视。所以，当我们发现员工犯了错误的时候，即使是很小的错误，也要督促其及时改正并进行深刻反省。

023

交替：前辈和新人

俗话说"热到秋分，冷到春分"。现在终于过了春分，开始进入花朵盛开的季节了。亲爱的各位，大家都别来无恙吧？承蒙大家的关照，我现在身体很健康。虽然每天依然忙碌，但在今天，我在公司感受到了比以往更加充满活力的氛围，这令我非常高兴。在这快活的氛围里，连我自己都感觉年轻了好几岁。

从本月中旬开始，本年度新录用的员工已经陆续开始进入公司工作，正是这些新人给我们带来了新的精神面貌！到下月初为止，还会有很多优秀的新人来到公司，无论是对于我还是对于公司的其他人，能够迎来优秀的后辈，都是一件令人高兴的事情。

　　然而，仅仅感到高兴并不代表着我们已经履行了作为前辈的责任。这些新人可以说是社会保管在我们这里的宝贵财产，对于这些优秀的后辈，身为前辈的我们应该在各方面给予他们耐心的指导和帮助，使他们尽快成长为优秀的"松下人"。与此同时，作为能够引导这些新人的前辈，我们还应该不断学习与提高，时常自我反省，加强相互合作，为完成公司的使命而奋勇前进。

　　万事开头难。在这春光灿烂的日子里，让我们怀着当初自己刚入职的那份心情去迎接新人的到来吧！

024

自律：环境改变人的心境

现在已经进入阴郁的梅雨季节了，大家近来身体还好吗？

这个季节总令人感觉阴沉、闷热，人们时常无精打采，很容易生病。因此，我认为每天无论在工作还是生活上，我们都要时刻提醒自己加强自我管理。我觉得如果我们没有自控能力，任凭自己懒散、拖沓地生活，不论是对精神还是身体都非常不好。

我希望大家时常注意身边物品的整理与摆放，即使是服装也要穿得干净得体。良好的环境能使人的心情变得舒畅，确实是这样的。保持身边的物品干净整齐，自己也会感到舒畅。在职场上也一样，职场的办公环境整洁舒适，员工的心情自然会好很多，工作效率也会提高。

从 7 月 1 日起将开始第 30 次全国安全周活动，借此时机我希望大家在用心工作的同时培养自我控制力。**不仅仅在这一周内，而是要让这种自律变成我们的一种习惯。**

今年下半年已经过去一个月了，日本的经济还处于相当困难的时期，大家在工作与生活中也感觉很不容易吧？请大家多多保重身体，精神百倍地继续奋斗。

自控力与教养

要具备基本的教养，过有自控力的生活。这是松下幸之助当学徒时就形成的信念。

025

合力：人都有软弱的一面

潮湿的梅雨季节已过，天气放晴之后，进入太阳灼烤大地的酷暑季节，报纸上很早就开始报道有关台风的最新动向了。

仔细想来，每年的这个季节，台风都会来临，造成的灾害给社会带来了巨大的损失。台风并不是近年才突然出现的，而是每年都有。虽然我们的防灾应对措施已经做得相当完善了，但每当台风到来时，还是会有各种灾害事件发生。预防措施做得不到位可以说是其中一个原因，但从另一个角度来说，也可以认为这表现出我们人类软弱的一面。

与此同时，人类也有强大且积极的一面，强大的一面与软弱的一面结合在一起，共同组成了人类。

所以，我想对你们说：没有绝对的强者，也不存在绝对的弱者，我们都有强大的一面和软弱的一面，所以我们一定要相互体谅，加强合作！

在炎热的季节里工作一定很辛苦！在这种时候，很容易让人心神不宁，请大家相互之间多给予一些体谅与关心，让我们齐心协力，打起精神投入工作！

026

自驱：失去热情是一种损失

已经到了爽朗的秋天，人们的精神也变得抖擞起来。因为天气炎热而进展不顺利的工作现在也变得轻松多了！

如果你觉得自己每天的工作都很有趣，就会觉得时间在不知不觉间就过去了，工作也会变得轻松愉快。如果你不能感受到工作的乐趣，那么即使天气变得再凉爽，在工作上你也不会感到丝毫轻松。

这就好比小孩子正埋头于有趣的游戏中，那么无论母亲怎么叫他吃饭，他都不会去。但如果他对游戏不感兴趣，那么母亲一叫他吃饭，他马上就不玩了。当然，游戏和工作的性质不一样，但能否在其中感受到乐趣，态度上一定会产生巨大的差异。

我相信，如果一个人在每天的工作中感受不到丝毫的乐趣，那么对他来说便是一种极大的损失。

大家对此是怎样想的呢？你觉得自己的工作有趣吗？你能在工作中保持热情吗？如果回答是否定的，那么你就要试着反省一下了。我希望大家能够尽可能地从事真正适合自己的职业，每天都能愉快地开展工作。我认为只有这样才能生产出好的产品，取得令人瞩目的成就。

自己快乐，也会给他人带来快乐。希望大家都抱着这样的心态，努力做好每天的工作。

热情是前进的阶梯

只要你对一件事投入强烈的热情，就一定会想尽办法去实现它，甚至你能从周围人那里得到意想不到的帮助。就像磁铁会吸引铁粉一样，热情会吸引你周围的人，带动周围的资源。

027

自省：不要成为"井底之蛙"

第二次世界大战后，虽然日本经济一度到了崩溃的边缘，但此后历经了 10 年的经济复兴期，我们在此期间取得的经济成就着实令人惊叹。去年的钢铁产量已达 1000 万吨，已经远超战前水平。日本战后几乎是一片废墟，现在取得这样的成绩，我们不得不再次赞叹一番。

可即使我们取得这样的成绩，从国民人均消费量来看，在全世界只排到第 23 位，排名甚至比战前还要靠后。

虽然产量比战前增长了不少，排名却下降了，这到底是怎么回事呢？归根结底，是因为有的国家比我们更努力、更有效率，产量比我们提高得更多。因此，如果我们只看自己的发展，似乎取得了一个令人满意的成果。但与世界各国相比，我们还差得很远，还不能自我满足。

我们要在不断反省自己的同时看到他人的成长与进步。我们要怀有谦虚的态度和宽广的视野，通过持续不断的努力迎来真正的发展和进步，不断缩小与他者的差距。在工作中，同样也需要我们有这样的思想觉悟，希望大家能不断努力，不要让自己成为"井底之蛙"。

拼命努力

松下幸之助所追求的努力是非同寻常的。他曾这样说："我认为集中精神和拼命努力在精神内核上是一样的。就像你集中精力去学习一项本领，其实与你拼命努力工作并没有什么不同。"

028

居安思危：不把困难当困难

还有一个月左右这一年就要过去了，大家是否和我一样感觉有些匆忙呢？

最近我们业界真的是非常热闹①，想必大家都已经知晓了。俗话说"居安思危"，我们公司到目前为止发展得很顺利，可以说是处于"安定"的时期。接下来大概就要迎来"危机"的时期了。

可是我认为，在此前较为顺利的发展中，大家已经习惯了

---

① 是指为了应对从 1956 年 7 月开始的"百货店甩卖事件"，松下幸之助从 1957 年 11 月开始，在以松下电器产品为主打商品的零售商店中选取一些优秀的店铺作为旗舰店，开始实施"松下专卖店制度"，以谋求进一步的发展与合作。——编者注

这种平稳，恐怕内心早已经没有"居安思危"的意识了，其实我又何尝不是如此呢？俗话说，好了伤疤忘了疼，这也可以说是人类的一个弱点吧。

因此我觉得我们应该经常进行自我反省，这样才能正确了解事物的本质与事态发展的原因。如果让自己做到不畏困难、与大家团结一致、积极进取，那么就能换来业界的稳定与公司的繁荣。我希望大家都能有这样的决心。

接下来大家肯定会很辛苦，而且岁末年终的事情会有很多，大家一定要多注意身体。希望大家能够相互理解与合作，把我们的事业推向新的高度。

029

最后一击：避免最后时刻的疏忽大意

日本过去的武士要完成所谓最后的致命一击，是有一套严格的规则与做法的。对武士来说，在对方奄奄一息之际疏忽大意、放松警惕，不施展最后的致命一击，而让对方有重新站起来的机会，那就是奇耻大辱。

换句话说，对待事情要仔细确认、追究到底，这是过去的武士最看重的作风。

说到这一点，让我们回顾一下自己的工作，大家觉得如何呢？好像有很多时候还是没有做到"最后一击"吧。

拼命努力工作，好不容易完成了百分之九十九的工作，却没能很好地完成最后的百分之一就等于什么也没有做。我们甚至还出现过半途而废的情况，那简直就是给别人添堵，还不如从开始就不做！

就像过去武士不去完成最后的致命一击就会感到耻辱一样，我希望大家在自己没有努力工作到最后一刻的时候也会感到无比羞愧，我们应该避免那种最后时刻的疏忽大意。

今年是松下电器巩固百年大业的关键一年。我会更加努力工作，也请大家充满活力与干劲，努力提高创新意识，不断取得更大的发展。

030

两种心态：自豪与感恩

无论我们多么努力制造出优质的产品提供给社会，如果我们的工作与成果得不到大家的认可，那么这一切都会变得没有意义。

当然，我们也不需要向任何人卑躬屈膝地乞求得到认可。我们在努力工作的同时，要始终保持一种对自己所从事的工作感到自豪的心态。

而要想保有这种自豪的心态，首先需要我们能向社会提供优质的产品与服务。其次，我们自己也要在内心认同这种自豪感，对于诚心购买我们产品的顾客要有感恩之心。

我们要时刻谦虚地保持自豪与感恩这两种心态，否则我们就会在自我价值的认知上出现严重失误，在价值判断上也会出现失误，使自己在自我膨胀中放慢前进的步伐。

今年我们面临着各种困难，正因如此，我们更需要警惕自我膨胀，在遵循正确价值判断的基础上，慎重对待每天的工作。希望大家不断加强自我反省，精神饱满地投入工作。

第四章

思维方式

031

动态：及时做出调整

最近全球经济非常不景气，日本也深受影响，从去年到现在一直很萧条，经济完全没有回暖的迹象。

经济的景气与萧条，就如同四季循环中会有夏天和冬天一样。人们会因夏暑而疲惫散漫，因冬寒而不愿外出。同样的，经济景气时，我们会身心放松；经济萧条时，我们会绷紧神经。通过如此循环，大自然才能生机勃勃，经济才能向前发展。

然而，经济不景气时，我们不仅要对自己的工作进行深刻反省，更重要的是我们不能懈怠而是要做好迎难而上的思想准备。如果我们在不景气时，依然怀着景气之时的悠闲心态，这样是绝对不行的，这会导致我们更加难以走出经济萧条期。

及时调整心态在日常生活中也尤其重要。我认为，随着外界环境的变化而及时调整心态，正是人类真正的高明之处。

按照目前的状况来看，日本的经济不景气还会持续下去。我将继续毫不懈怠地努力工作，希望大家在工作与生活中也同样不要放松自己。让我们齐心协力一起面对公司当下面临的难关，共筑松下电器的百年基业。

如果下雨就打伞

"如果下雨就打伞"这句话强调了顺应自然的法理与及时调整心态的重要性，也就是说我们要顺势而为、应时而变。根据外部的政策、环境、竞争对手、顾客需求等及时做出变化，随时调整战略与战术，这种顺其自然的做法才是最高明的。

032

共同的目标：既要"各自开花"，又要形成合力

最初松下电器在大开町①建立工作室的时候，我也和员工在工作室里一起工作。所以，我能清楚地听到员工打电话的声音，他们也能听到我打电话的声音。虽然那时员工只有寥寥数人，但大家在不知不觉间变得团结一心，自然而然产生一股强大的凝聚力，每个人都为了完成共同的目标而勤恳、努力地工作着。

如今，松下电器逐渐发展起来，员工人数已经超过了一万。我们不能再像以前那样将所有员工都集中在一个房间里工作了，我再也听不到大家的声音，大家也听不到我的声音了。但这是公司规模扩大所不能避免的事情，同时我认为这也是一件好事。

① 现在的大阪市福岛区大开。松下幸之助于 1918 年 3 月在这个地方开设了松下电器器具制造所。——编者注

虽说变成这样是不可避免的，但一万多名员工的想法各异，如果每名员工都只想"各自开花"，像一盘散沙，就不能形成一致的目标，而无法形成合力就做不成大事。

虽然我们的员工都分别在不同的工作岗位从事不同的工作，但是我希望大家能团结一心、不动摇，一直努力下去。请大家都能理解这一点，并在此基础上友好相处、努力工作。

早会·晚会

松下电器因为规模扩大的需要，在 1933 年实行了"早晚会"制度。松下幸之助为了把不同工作岗位的员工团结在一起，要求公司各部门的全体员工，在每天上班后 5 分钟和下班前 5 分钟集合在一起开早会与晚会，对每天的工作做出部署与总结。

033

付出：耕耘的浪漫

今年的夏天感觉比往年更为炎热。连日来的持续日照，使我们在日常工作中总是倍感疲惫。

虽然这么说，但是夏天炎热、冬天寒冷毕竟是自然之道。所以在应该炎热的季节里感受炎热也是十分重要和自然的事情。并且，这也是我们能够细细品味夏季、享受夏日时光的大好机会。

尽管如此，在酷暑难耐的日子里，顶着烈日在田间劳作、除草、驱虫的农民与我们这些在办公室工作的人相比确实辛苦得多。就像"酷暑带来丰收"所说的那样，正是因为在夏季辛苦的劳作与付出，才会带来秋收无尽的喜悦。而且，丰收带来的喜悦并不只属于农民自己，最终也会给住在城市中的我们带来喜悦。

如果这样想的话，就又回到了那句老话："付出总能带来回报。"虽然辛苦地付出是无止境的，但我们也不要怕辛苦，坚持与努力是我们必须具有的素养。

天气依然十分炎热，但是秋天马上就要到来了。在这夏末的时光里，我们要好好保重自己的身体，让我们以健康的体魄迎来凉爽的秋天吧！

034

方向感：明确目标

最近"少年犯罪"事件频频发生，报纸上"炒"得沸沸扬扬，这样的事在我这么多年来的人生经历中也是闻所未闻的。

随着时代的进步，人类的智慧和生活文明的程度都得到了巨大提高，但"少年犯罪"事件不仅没有减少，反而逐渐增加。我认为这是大家必须慎重考虑的重大问题。

当然，造成"少年犯罪"现象与日俱增的原因有很多，难以找到坚定的生活目标是少年犯罪率居高不下的一个重大原因。在公司工作也是同样的道理，我们不论从事生产还是销售工作，抑或是处于技术层面的岗位，都应该树立一个明确的目标，并及时汲取最新的思想，不断升级我们的认知水平。如果我们能尝试将这些新知识在现实工作中加以实践，那么将具有创新意义。实践的效果无论是否理想，都能让我们每个人团结在一起，就算当前的经济状况并不乐观，我们每个人也要齐心协力向着明确的目标努力奋斗，这对我们各自的工作都会有非常重要的意义。

秋天是最适合静下心来思考的季节。希望我们能静下心来思考世界的动向，明确自己的前进方向，让我们凝聚在一起形成一股强大的力量，不断向前发展。

035

享受生活：玩的时候尽情玩

　　前些时候的某个周日，我在西宫市自家附近的山里散步时，发现整座山都被绳子和栅栏围住了。我在想这是怎么回事呢，后来才知道原来这是一座盛产松茸的"松茸山"！

　　我立即想起了以前作为消遣的采摘松茸的活动，真是让人怀念呀！在满是落叶与深草的山间探行，伸出头在意想不到的地方找到松茸时的那种喜悦感让人久久不能忘怀！我们把松茸和鸡肉一起下锅煮时，同行的伙伴都能闻得到从锅里传来的特有的香味。

　　我已经好久没有再去"松茸山"了，虽然总想着再去一次，但一直都没有机会，所以至今未能成行。相信你们中间肯定有很多人都去过了吧。

现在经济不景气、各种社会问题都要解决，相信大家的工作也十分繁忙。但是在秋高气爽的周末，我们应该忘掉一切烦恼，去做一些像采摘松茸这样的活动，让自己的身心得到彻底放松。**也就是说，我们在该玩的时候要尽情地玩，在该工作的时候要努力地工作——怀着这样的心态才能好好地享受生活。**

现在秋意渐浓，早晚甚凉，大家要注意不要感冒着凉，让我们充满活力地度过每一天吧！

036

踏实：走好脚下的每一步

不知不觉间，新年已经过去，2月马上也要结束了，我们即将迎来桃花盛开的大好时节。时间过得真是快啊！

但仔细想来，在这梦幻般飞快消逝的时光里，我们其实也是一日接着一日、一小时接着一小时，一秒接着一秒，一步步地走过来的，并不像电影画面那一样一闪而过。在那些逝去的时光里，仔细想想，一定有许多值得我们反思的事情！

就像谚语"千里之行始于足下"说的那样，虽然追求远大志向的态度至关重要，但与此同时，达成目标的道路需要我们脚踏实地一步一步向前走，这一点我们绝对不能忘记。

　　不论在生活中还是在工作中，我们都要怀有自己崇尚的理想，并且一步一步地为实现理想努力奋斗。只要我们在新的一年里拥有这样的心态，我相信大家在这一年里一定会硕果累累。

　　寒冷的日子已经过去，温暖的阳光会让人迅速恢复元气，祝愿大家每天的工作都能更上一层楼。

037

聚力：相互交流，相互理解

我记得松下电器刚创立不久时，员工人数很少，事务所也只有一家。那时我和大家一起工作，我可以随时表达自己的想法，也能直接听取大家的要求和意见。大家"面对面"地交流，自然而然能够团结在一起，迈着矫健的步伐稳步前进。

所以，像这样把大家团结在一起工作，就是我最大的愿望，我想也是松下电器最理想的工作状态。

然而，随着我们公司的规模不断扩大，员工人数也不断增加，公司员工之间的相互交流变得越来越困难，有时我想和大家"面对面"地交流也无法做到了。

所以我只有通过每月给大家写寄语卡片这种方式来向大家传达我的想法，我希望大家都能够用心阅读。同时，如果大家有什么意见或建议，我希望各位不必客气尽管提出来。

樱花已落，现在开始要进入让人心情舒畅的草木萌芽的时期了，希望大家养足精力，以精神饱满、心情畅快的状态投入工作。

广集众智

广集众智这一思想与"全员经营"的思想有着密不可分的联系。松下幸之助曾说过，最重要的一点是我们要有想聚集所有人的智慧的强烈意愿，只要我们表达了这样的态度，各种智慧自然就能聚集在一起，以此为始就能实现"全员经营"这一构想。

038

蓬勃：如小香鱼一般

到了6月，各地的河流都开始解除捕捞小香鱼的禁令了，这对钓鱼者来说想必是一件很开心的事情吧！

虽然我是在电视与报纸上看到解禁的情形的，当我看到在美丽的小河之中成群结队来回游动的小香鱼看起来那么可爱与生机勃勃，心情便非常舒畅。用小香鱼来代表生机勃勃、充满朝气的年轻人是最合适不过的了。

因为在松下电器工作的年轻人有很多，所以公司里到处都洋溢着朝气与活力，我希望这种氛围可以一直保持下去。我们能够在激烈的竞争环境中不断取得成功正是靠着大家充满活力、锐意进取的年轻心态，也可以说这是我们公司能够得以发展的

强大动力之一。

现在正值阴郁的梅雨时节，希望大家多注意身体，齐心协力推进公司不断进步与发展。

人才培养优先于商品生产

松下幸之助在创业后不久就对公司的员工们说："当你被问道，松下电器是怎样的一家公司时，请回答：'松下电器是培养人才的地方，同时也制造电器产品。'"

039

向上：登山与工作

　　最近在年轻人中很流行登山，特别是在梅雨期结束的 7 月，此时正是登山的最佳季节，我想我们当中已经有很多人都登过山了吧？相信很多人都从登山中体会到了许多乐趣。

　　曾经，我也想去体验一下登山的乐趣。我觉得山象征着力量，拥有威严感与严肃感。同时，笼罩在云雾里的山峰也能让人感到它的柔和与温馨，这也是山的另一种魅力吧。

　　同样，我们的工作不但有非常严肃的一面，也有温情的一面。所以，过去的匠人们将自己的生命注入工作，几十年如一日地努力工作，今天的我们不应忘记这种对待工作严肃与严谨的态度，我们应该用心培养这种认真的工作态度。我认为这种工作态度也是现代社会所不可缺少的重要品质。

因此，我们要像爱好登山一样，对工作充满热爱，每天都踏实努力地工作。

渐渐进入盛夏，大家要注意饮食和休息、防范中暑，希望大家每天都能精神十足地工作。

热爱自己的工作

在《员工心得贴》中，松下幸之助写道："不论你现在是否喜欢自己的工作，都应该让自己想方设法地去热爱它。能够在工作中体验到乐趣、认识到自己工作价值的员工，必定会走向成功。"

040

奉献：工作的意义

随着电器化时代的到来，我们在家庭中使用的电器产品，不论在性能上还是质量上都比以前提高了很多。家庭里只要有一台洗衣机，家务劳动负担就能减轻许多。实际上只要问问每天具体使用这些电器的人，就能很好地了解这些电器产品给我们的生活带来了多少便利。还有我们公司生产的收音机、电视机、电饭锅以及数以千计的各种电器产品，每种电器都给我们的生活带来了许多便利，提高了我们的生活水平。

近几年来，家用电器的种类不断增多，虽然其中有些产品并没有直接进入普通家庭，但所有生产出来的电器都是为了满足人们的需要，都在促进着我们的生活水平不断提高。

从事这样的工作，我非常开心，甚至感到自豪。因为我们努力工作，不仅能改善人们的生活水平，还能在一定程度上促进社会的进步与发展。当然在这过程中会非常辛苦，有各种各样的困难需要克服。但是，每当想起我们的工作具有这么重要的意义与价值，那些困难和辛苦就不值一提了。

各位同仁，让我们怀着对社会的奉献之心，团结一致，为更加辉煌的明天而努力奋斗吧！

第五章

调整好心态

041

谨慎：不容疏忽大意的时代

据报道，美国的电视机产量和销售量逐年增长的态势如今已逐渐减弱，如果最终停止增长、陷入停滞，市场竞争就会变得更加激烈，去年美国从事电视机业务的公司数量已经超过了30家，在仅仅过去一年的时间里就有15家公司破产。

这是美国的情况，但这种激烈的竞争也逐渐在日本出现，尤其是现在，媒体日益活跃，商品质量的好坏、价格的高低以及服务的优劣等所有行业内的信息，转眼间就会在消费者之间传遍。所以，对于一件商品来说，就算今天非常受欢迎、销量非常好，到了明天也许就不一定是这样的了，消费者的动向可能在一瞬间就发生变化，商品的销售突然陷入停滞的风险是随时都存在的。

这是一个完全不容疏忽大意的时代，特别是像我们这样的公司，如果我们不能保持产品的创新能力、不断实现产品的更新换代与升级，我们的竞争力就会逐渐丧失。如果我们不能迅速果断地推进工作，不注重在日常工作中培养员工的业务水平以提高公司的综合实力，将会造成不可挽回的局面。

我会拼命努力，大家也要从自己的角度和立场充分认识当今这个不容疏忽大意的不确定的时代，让我们齐心协力推进公司不断向前发展。

042

恰当：做事要恰到好处

人们为了保持健康，首先要注重的是补充营养，但是营养补充太多则会变成营养过剩，有害健康。

热的时候脱衣服，冷的时候添衣服，可是穿太厚人就会出汗，十分难受。

简单地说就是要做到恰到好处，理所当然的事就顺其自然地去做，这样符合自然规律，也是最好的状态。

自然规律也好，恰到好处也好，虽然乍一看觉得很难拿捏好分寸，但如果我们能够亲身去实践与探寻，就会发现其中的精髓和许多为人处世之道。

科学的进步在一定层面上也徒增了人们的不幸。可以说，这是因为有一些人对我们现在普遍认可的处世之道不够敬畏。

说到我们公司的发展，如果仅仅考虑自己的发展，不顾与我们公司有众多业务往来的合作伙伴的利益，就会使双方都承受巨大的损失，甚至是破产，所以我们不能这样做。其中也体现了自然之理、中庸之道。我们应该保持谦虚与乐观的心态不断努力前行。

欲望的膨胀绝对不可取。希望大家切记不要使自己的欲望过于膨胀。

已经是深秋了，再过不久就是年底了。请各位多注意身体，在年末这段时间里更加专心地工作，不断拼搏进取。

043

总结：给自己打分

光阴似箭，岁月如梭。转眼间 12 月已接近尾声，再过几天今年马上就要结束了。

每年到这个时候，我都能切切实实地感受到时光的流逝。想必大家也同我一样有许多感慨吧！

12 月是一年中做总结的月份。忆起年初的目标、计划和约定，我会发现有的目标没能完成，有的约定没能兑现，有的计划不知何时随风而逝了……静静回想，不自觉脸就红了。

即使这样，年末依然会到来。**年末的意义，就在于让大家反省自己，姑且做个总结。**无论好坏，我们必须诚实地给自己打分。如果不去做自我反省，这一年走下来就不会让自己吸取什么经验教训，也就不会取得任何收获。而且，这一年并不是仅靠一己之力走过来的。其实许多人在暗中给予了我们各种帮助，我们要向周围人给予我们帮助的人表示诚挚的感谢，对我们给别人带来的不便致以真诚的歉意。只是有时候我们自己没有察觉而已。当然我们也会在意想不到的地方帮助别人。对这些事静静地进行思考，这便是年终总结的意义所在。

044

告诫：提醒与监督

新年在一声声"恭喜、恭喜"中很快地过去了，正月也即将结束了。自己在新年初始定下的目标是否随着时间的过去而逐渐淡被忘了呢？

如果不能做到时刻提醒与监督自己，我们想做的事情往往很容易半途而废。 千万不要觉得自己慎重思考后做出正确的决定就足够了，在多数情况下，如果自己不反复地进行提醒与监督，就算是再小的决定或目标也不能顺利实现。

想必诸位所做出的大多数决定都是我所说的样子吧？我认为公司的经营方针也是一样的。我在 10 天前说过我们公司的经营方针，但如果我们把公司的经营方针仅仅当作公司与员工的决定或目标，恐怕是难以完成的。我认为我们必须做到反复地告诫自己，并将公司的经营方针灵活贯穿到日常工作中。只有这样，才能真正实现自我的成长，同时也能感受到作为松下电器的一名员工是多么自豪，自己也会充满干劲、努力工作。

虽说今年是暖冬，但时常能感受到丝丝寒意，还望大家保重身体、预防感冒，让我们团结在一起，共同推进我们的事业不断取得进步与发展！

045

责任：无微不至的关怀

前几天，我听到了一个关于德国一家钟表公司的故事。这家公司在向国外出口钟表的时候，包装得非常细致，细致到即使在长途运输中钟表的摆锤都不会有丝毫震动。

能够做到如此面面俱到、细致入微，可以看出这家公司的理念和风气，让人感觉到这家公司非常可靠。我还能感受到负责包装的员工非常敬业，对自己的工作拥有强烈的责任感，让人心生感动。

最近，日本对外出口的产品越来越多，听说不仅包装方面有许多令人担忧的问题，运输过程中也出现了许多意外情况。不仅枉费了制作这些产品的人的苦心，也给一部分公司的声誉带来了损害。

发生这种情况虽然存在很多方面的原因，但最重要的是缺乏对产品无微不至的关怀和对工作的强烈责任感。**其实不仅仅在包装方面，无论从事什么工作，每个人都必须对自己的岗位有强烈的责任感，并要有设身处地为他人着想的心态，这些非常重要！**我们已经站在了国际竞争的舞台上，应该更严格地要求自己才行。

希望我们大家都能认真对待工作，切忌马虎大意！

046

精进：保持谦虚谨慎

回首我们公司这几年来的发展历程，我要感谢与公司一路走来的每一位员工，正是因为你们的付出才使得我们公司取得了快速的发展。过去几年间，我们公司得到了社会各界人士多方面的支持，发展得很顺利。我们不断升级生产设备，保持了公司的平稳发展，员工队伍也在不断壮大，创造出蒸蒸日上的大好局面。我们能取得今天这样的成就，我感到十分高兴，也感谢所有员工对公司的无私奉献。

但是，如果我们满足于公司规模变大、员工人数增加这样的表面现象，放松警惕、过分依赖过去的经验而故步自封的话，我们所取得的成就有可能在瞬间烟消云散。

可以说公司在不断发展壮大的时候是最危险的时候，因为这时候最容易出现松懈。公司内部会出现一些有问题的员工，比如满足于发展现状、犯下粗心错误或消极怠工的员工，以及有骄傲自满情绪的员工，等等。公司在不断发展的同时，也存在着各种各样的问题。

另外，随着公司规模的发展壮大，我们也面临着来自社会的强大压力。如果我们不谨慎行事，就会招来强大的社会舆论攻击，甚至导致公司倒闭。历史上这样的例子并不少见。

所以我们应该以史为鉴，越是在公司不断取得发展的时刻越要保持谦虚、谨慎的工作态度，不论在工作中遇到怎样的人和事，我们都要做到积极地去面对，努力做到最好。

047

反省：内心的年度总结

想起今年年初我把 1 月份的工资发到大家手上，并鼓励大家打起精神努力工作时的情形，感觉那好像是最近的事情，然而转眼却已经临近年末，该发今年最后一个月的工资了。

到了年末，重新回顾这一年，许多事都会历历在目。在这一年间，无论是日本还是松下电器都取得了快速发展。大家回顾自己的成长历程，也一定深有体会吧。

12 月是进行年度结算的月份，大家也应对今年进行认真总结。在年终，让自己安静下来，认真想想这一年的过往：在这一年里我们都有过哪些思考？取得了哪些收获？回想在年初时自己定下的目标，有哪些完成了？又有哪些没有实现？在此刻，我们都应该认真反省。清楚什么能做、什么不能做是非常有必要的。让我们在新的一年里树立新的目标，再次点燃自己的热情。

就拿存款来说吧，从今年年初开始存款的人肯定大有人在吧？但结果怎么样呢？预定的存款目标达到了吗？相信那些达到目标的员工，哪怕只是很小的目标，也能给自己带来巨大的力量！

总之，大家要好好反省这一年发生过的事，认真总结经验，汲取教训。

048

本心：心怀素直

人若素直，便不会戴着有色眼镜去看待事物。人若素直，看事物红即是红、黑即是黑。拥有素直之心便能认清事物的本质，如此一来，便不容易犯错，就能成为一个走到哪里都能适应环境的人。

"拥有一颗素直之心吧，素直之心会让你变得坚强、正确、智慧。"这是我给未来领导者的第一条建议。怀有素直之心，就会明白事物的实相[①]。观察事物时不能戴有色眼镜，也不能怀有偏见之心，这样说我想大家都会明白。**看事物时红即是红、黑即是黑，如此方能了解事物本质。**若能培养这样的一颗素直之心，人们就能对事物做出正确的判断，人也会变得贤能、智慧。

---

① 实相：佛学用语，指宇宙万物的本源。——编者注

所以，我要求每个员工都要怀有一颗素直之心，并引导他们用素直之心去观察事物。做到这一点，他们就能以自己的独有风格立足于世，并能认清事物的本质，能够成为走到哪里都能受人尊重的人。

049

守正：坚持内心的正义

战术、战略都很重要，然而，更为重要的是一定要坚持恪守正道，否则难成大事。

我曾凝神静思日本历史上谁最为素直？得出的答案是丰臣秀吉①。秀吉怀有素直之心，他了解事物本质，明白实相，很有主见。

回顾历史，最忠实地遵从当时的道德规范的就是秀吉。他完全没有观望形势，而是选择立刻行动，为自己的主公复仇。

---

① 丰臣秀吉是日本战国时期的一位政治家。他本是一名下级步兵，在侍奉织田信长时显露出不凡的才干。他对日本社会由中世纪封建社会向近代封建社会的转化做出了贡献。——编者注

战略也好战术也罢，在此之上还要遵从当时的道德规范，这一点很重要。做事的决心是由"何为正确"来定的；若时时想着"只能胜，不能败"，则必将患得患失、裹足不前。**胜也好，败也罢，该做的事情就要去做。不领会这个道理的人是办不成大事的。**

050

客观：以素直之心看待问题

看问题如果受主观影响，往往会犯错误。我们要以客观的立场来观察事物，也就是说，看问题要怀有素直之心。

拥有素直之心是相当难的。拥有一颗素直之心非常重要，但无法一蹴而就。因此，我有了这样的想法，那就是每天在心里默默祈祷自己早日拥有素直之心。早晨起来后，我会在心里默默祈祷"保佑我今天心怀素直、平安无事"。

如果能长期坚持下去的话，我想 30 年后我就能够以素直之心看待事物了，也就达到了素直之心的初级阶段。

现在，我已经坚持这一信念快 35 年了，好不容易达到了初级阶段。所以，我比起你们各位更能以素直之心看待问题。当你有了初级阶段的水平，在某种程度上就会明白：这种想法为什么行不通，那件事怎样做才比较好。

今天第一次听我这么讲，有的人会觉得"是那么回事"，能有这个感觉就可以了。但是，也有的人并不这样认为，会觉得"什么呀？说的都是些让人似懂非懂的话"。有这种想法的人还需要相当长的时间才能明白其中的深意。没有素直之心是不行的，我们看问题必须虚怀若谷、胸怀坦荡、心无禁锢。遇事只站在自己的立场是绝对不行的！

说到怎样练就这样的素直之心，我认为首先要做到每天在心中祈祷。每天早晨起来向着太阳或远山跟自己说："今天我将继续做到以素直之心看待问题，以素直之心指导行动。"

这样坚持 30 年就能达到素直之心的初级阶段。若是到了素直之心的初级阶段，我们看待问题大体上就可以明白实相：这件物品是好还是坏、那件物品是否该买，等等，对这些事情基本上能够做出正确的判断。

素直之心可以使人变得坚强、正确、智慧，心怀素直就能明白"这个人不行"或"那样做更好"。要做到时刻怀有素直之心，从今日起，请你在观察事物时就不以对自己是否有利为标准。如能刻意为之，在不知不觉中你就会拥有以素直之心进行观察判断的能力。

今后，大家在听各位老师讲课或是在读书思考的时候，都必须牢记尽可能地保有一颗素直之心。只凭自己的主观臆断往往会犯错误，我们必须学会以素直之心洞察一切。

第六章

面对迷茫

051

接纳：以素直之心接受意见

无论谁说话我们都要认真倾听，如果认为对方说得对就虚心地接受。**在听取别人的意见时，要做到不存私心、以素直之心虚心地倾听，只有这样才能够分享他人的聪明才智。**

我取得成功的原因是什么？外界有各种各样的说法。如果让我自己说说成功的原因，我想那就是无论对于谁说的话，我都能认真倾听，如果我觉得对方说的对就会照办。而对于提意见的人来讲，他看到我的反应就会琢磨："松下先生认真听了我的话，我要支持他！"我做事的动力也会增加。我认为取得成功的原因就在于此。

我没有读过很多书，身体也不好，打架更是赢不了别人。

我这样一个人能获得今天的一切，虽然不能否认有个人才智方面的原因，但比起个人才智，更重要的是我能虚心地接纳别人的好的意见。

在漫漫人生路上，大家需要听取别人意见的场合会非常多。如果固执己见，我们是听不进去任何人的意见的。我们一定要做到虚心、无我，怀着素直之心去倾听。只有这样才能够分享众人的聪明才智。其实做到这些并不难，但有些人对于别人的意见总抱着"那个家伙是不是在骗我"的怀疑态度，即使别人提出了好的意见也听不进去，这样的人就注定摆脱不了失败的命运。

052

大气：气度产生智慧

　　人要活得大气。气度大了就不会拘泥于小事，也不会被知识所束缚。能如是为之，则智慧泉涌。

　　回想年少时光，每天早晨我在给左邻右舍打扫卫生的时候，没有预想到会有今天的成就，仿佛在不知不觉中就成了现在这样。一路上我借助了许多人的力量。实际上，也许有那么一点自己的力量，但更多是借助了他人的力量。你们做事也一样，必须借助他人的力量。一味地自作主张，就会失去他人的支持与帮助。

　　所以，人要活得更大气才行。**气度大了就什么都能做，而不会拘泥于小事。**身为领导者必须有非凡的气度，不要事事强词夺理，也不要被书本知识所束缚。如此一来，智慧就会如泉涌而至。如果做不到这一点，我们做起事情来就不会顺利。

053

束缚：理性的陷阱

知识是工具，身为领导者不要成为知识的"奴隶"，而要成为知识的"主人"，纵横驰骋，施展才华。

我们要学习的东西有很多，欢迎大家向我提出各种问题，而我也会向大家提问。这样一来，我们就会在相互学习中逐渐了解这个世界。在这期间，我们必须不断扩展自己的知识与技能。可话又说回来，如果我们能够利用自己所掌握的知识去了解世界的话，那是最好的。知识越多问题也会越多，如果我们尚未做到这一点，知识不断累积便会使自己思维混乱。

其实比掌握知识更为重要的是感悟知识。我们必须到达一种感悟的境界，只是悟性这个东西不是那么简单就能具备的。

知识能够学而得之，感悟却不行。所谓悟，就是豁然之间灵感浮现、有了感觉，是自己在无言之中所获得的启发。所以说，拥有知识虽然很重要，但是对现有知识缺少感悟也是不行的。

我们迄今所学的知识将大有用途，绝不可浪费。但很多人却缺乏能够灵活运用这些知识的感悟力。

我们不能被知识所束缚，不能成为学问的俘虏。我们可以问一问自己能否驾驭知识，或者是否正被知识穷追不舍，甚至被它左右。

为了不被知识所左右，我们要把自己全部的知识都罗列出来，并认真思考如何合理地运用这些知识。知识是工具，是指我们已经掌握了的工具。知识必须是可以拿来使用的，如果它不能被当作工具一样来使用就失去了存在的意义。

现在很多人都认为，知识本身是主人，知识本身就很伟大。可是像我这样的人，因为没有太多知识，所以并不会那样想，从而能感觉轻松很多。

054

坦然：接受自己的境遇

坦然接受自己的境遇，则可以顺势而为。

我常常思考贫穷对我而言是幸运还是不幸。为了生计我几乎什么工作都做过，因此，很多事情我都能明白，毕竟亲身经历过。我很想把公司做成体验基地。那么，从什么事情开始做起呢？就从最基本的扫除开始吧！相信我们每一个人都做过扫除。

在我小时候外出做学徒的日子里，早晨起床后我一定要把左邻右舍门店前的过道清扫一遍。这样一来，邻居也会早早起来清扫我家门店前的过道。我不愿在这件事上落后于邻居，因此我总是最先起来清扫，后来到的邻居就会说声"哎呀，真是谢谢了"来表示感谢。这件事情我从 10 岁起就开始做，做了 5年。当然，我做的事情不仅仅是这些，还包括沏茶、倒水等。

在我们那个时代，如果不听话，长辈可以上来就给你一拳以示惩戒。如果你表示出不满，那将更不可饶恕。那时你必须学会忍气吞声地生活。**但在忍耐的过程中，你会逐渐明白做事的诀窍。**我没有太多学问，连封信也不会写，之所以能有今天的成绩，正是因为我不论做什么事情，都能找到诀窍。

你们在 10 岁左右的时候大概还被母亲呵护有加，上了小学又一直受到老师的宠爱。我的成长完全是艰难的境遇造就的。我 15 岁时就已经做过很多事情了。你们诸位在那个年龄恐怕都没有早早起床清扫邻居门店前过道的经历吧？那样的事情我已默默地做了 5 年。

我能有今天的成就好像做梦一样，但也是自然而然发展成这样的。如果说为什么，我想是因为产生这种变化的条件都已经具备了吧。我每天早晨都要清扫左邻右舍门店前的过道，之后还要洒水，从这些事情中我明白了做生意的诀窍，可以说受益良多。不同的是，你们现在已经不是小孩子了，所以不能让你们再去做同样的事情。但是，我觉得还是有必要让你们知道做这些事的重要性。基于这样的考虑，我会让你们一年当中去不同的地方帮忙，也会让你们去扫地。我认为这不是浪费时间。虽然这也要看接受者的心态，但是我认为这些做法还是十分必要和有效的。

055

主动：要像海绵那样主动吸收知识

对于有些问题我们怎么思考也找不出答案，但是，有志之人通过四处走访求教，最终找到了答案。所以我们要去主动学习和求教，不能总想着别人会来教你。

大家必须进一步强化独立思考的能力，如果不去思考与规划，将会一事无成。

有的问题是怎么思考也找不到答案的。想不出答案就要迈开脚步去寻找，办法总会有，只要你坚持寻找。但没有志向是不行的，答案是不会自己从对面走来的，谁也不会告诉你该怎样去做，你要迈开脚步去求教。能不能做到这一点，差别会非常大。

我们要像海绵那样主动吸收知识，必须把"我要吸收"这一主观能动性完全地激发出来。不是要别人教你如何做，而是自己主动学习与吸收知识。只要你想学，什么都能学会，如果待在那里不动，那么谁也教不会你。

重要的是要有主动学习的意愿，你们已经过了必须有人教才能学习的年纪。如果还想着要别人来教自己，那就大错特错了。

056

坚持：绝不放弃努力

一事成功则万事成功。半途而废或浅尝辄止，终将一事无成。最重要的是绝不放弃努力，直到找到成功的秘诀。此外，我们还要具备使命感和魄力，没有这两点将无法取得真正的成功。

如果你在一条道路上找到了成功的秘诀，那么你做其他事也容易取得成功。要问为什么，那是因为做事的底层思维其实都是一样的，所以也可以认为一事成功则万事成功。反过来讲，做事没有常性，经常换来换去，终将一事无成。

就人生而言道理也一样。各位也应如此，在自己选择的道路上，首先要做到在自己所从事的专业或领域内找到成功的秘诀。在找到自己领域的成功秘诀前绝不放弃努力。只要找到了专业领域或成功的秘诀，那么无论做什么事情都会取得成功。

057

洞察：了解人的本质

要想取得成功，先要了解人的本质，并由此起步向前。

要想成为一个成功的牧羊人，就要了解羊具有怎样的性格与特性，对羊不全面了解是不行的。说白了，牧羊人如果认为羊和狗的习性是一样的，那就肯定会失败。牧羊人必须从研究羊的各种喜好入手，从而扩展到更广的范围，通过对羊的特性进行研究，进而探究出羊的本质，只有这样才能成为一个成功的牧羊人。

然而，我们是人类，不同于其他动物，我们是在互相"饲养"，就如同现在我被你们诸位"饲养"，你们也被我"饲养"，大家都在相互"饲养"着。因此，人是什么样子的、人的本质是什么，不知道这些是不行的。只有了解了人的本质，才能明白如何走向成功。人和猴子是不同的，人类是在互相"饲养"，所以必须精心"饲养"。

　　在经营公司方面，若想取得成功，就必须重视公司的所有员工，必须了解人的本质所在。

058

充实：过好每一天

人类生活在宏大的命运潮流之中，要顺应潮流，但最重要的是充实过好每一天。

很多人制订了计划，都想按预定计划去实行，但并不是每个人都能做到这一点。很多人都说松下先生非常有计划性，是很了不起的人。可我是在不知不觉中成了这样的。所以说你们不要考虑太多，只要充实过好每一天，就会取得成功。我一直都是这么认为的。

世上的事物并不以个人的意志为转移。说是宏大的命运也好，宏大的潮流也罢，反正我们都被它驱使着，必须坦然地去顺应它。如果总是说那件事这样做不行，或是这种做事方式不符合自己的性格，那么日子将会越来越难过。

059

顺势：姑且迷茫

当你陷入迷茫的时候，就姑且迷茫好了。但在迷茫期间，应凝神静气，坚持学习与研究，直至看到光明。有时越迷茫，最终越有可能取得伟大的成就。

迷茫的时候，那就迷茫好了。但即使陷入迷茫，也不可误入歧途。有个迷茫期好啊，处于迷茫期，我们正好可以调整好心态，坚持不懈地学习，直至看到光明，但一定要抱有总有一天会走出迷茫的决心。

陷入迷茫并不可怕，迷茫到骨瘦如柴也不是世界末日。如果你长期以来一直都很顺利的话，往往到最后会怀疑自己所付出的努力是否有意义或有价值。所以，越是迷茫，最终越有可能成就伟大的事业。虽说如此，无须迷茫时让自己陷入迷茫则是不行的。同时，我们不能被自己的情感所羁绊。若没有素直之心，就会受到情感因素的支配。关于这一点请务必认真思考、认真对待。

中庸之道

松下幸之助认为"中庸为贤德的表现"。若看待问题失之偏颇，我们的视野就会变得狭窄，不能做出合理正确的判断。所以，我们在日常生活中培养自己"中庸之道"的意识十分重要。

060

自然：顺其自然

请以"杜鹃不鸣，如此尚好"的心态处世。

日本历史上的战国时代，有织田信长、丰臣秀吉、德川家康①这三个人物，从下面的几句话中可以看出他们三人完全不同的性格特征。

织田信长："杜鹃不鸣，则杀之。"

丰臣秀吉："杜鹃不鸣，则诱其鸣。"

德川家康："杜鹃不鸣，则待其鸣。"

---

① 三人被称为日本"战国三杰"，均为著名的政治家、军事家。——编者注

有人就上述三句话问过我："如果现在给出上句'杜鹃不鸣'，请您来接下句的话，您会怎么接下句呢？"

我回答："如此尚好。"

又有人问："在三位划时代的人物里，您想成为哪一位呢？或者您最佩服哪一位呢？"

我回答："从个人喜好来考虑的话是德川家康，但是，从决然投身做事业这一点来讲是织田信长，丰臣秀吉则处于二者之间。"

第七章

价值

061

物尽其用：世间万物皆有所用

世间万物都有其存在的价值与意义，都可以被这个世界有效利用。随着科技的进步，总有一天必定会实现物尽其用。

世间万物自有其存在的价值与意义，都应被有效地利用或体现出其相应的价值。我们必须具有这种物尽其用的思维方式。虽然我们总说要"废物利用"，但是完全的废物是没有的，只是暂且还不知怎么利用而将其称为废物罢了。

随着科技的不断进步，对于现在许多我们还没有认识到其真正价值的事物，将来一定会明白其真实的价值所在，真正地实现物尽其用。

062

初心：专注做好一件事

从头到尾专注做好一件事，看似困难却非常高效。即便面对不喜欢的工作，也要下决心努力去做。不忘初心，方能功成。

时至今日，我已将近 90 岁，见过各种各样的人。有很多人生意做到一半就另起炉灶，改做其他。如果要看什么样的人能够获得成功，就要数那些遇到困难也不半途而废、不忘初心、坚持不懈的人，他们最终都获得了成功。

由此想来，从头到尾专注做好一件事，看似非常困难，效率却是最高的。觉得这也不行、那也不行，工作换来换去的人之中虽然也有成功者，但多数都失败了。

所以，即使感觉到目前正在从事的工作不太适合自己，也要排除困难试着坚持下去。如此一来，讨厌的工作也会变得可爱，你也会逐渐取得同事的信任。工作无关个人好恶，必须努力去做——你要下定这样的决心。坚持这样做的人最后大都获得了成功。

就我的个人经验而言，轻易改变初衷者，最终失败的居多。可以说，不忘初心、坚持不懈者，大多数都可以走向成功。

063

困难：生于忧患

古人常讲："生于忧患，死于安乐。"作为领导者不能没有忧患意识，忧患是命运也是宿命，更是存在的价值。如果没有这样的忧患意识，那还是辞职不干为好。

人们经常说："松下先生取得了巨大成就啊！"但是，我每天依然会烦闷，会觉得这里不行、那里不好，总是在不停地思考，经常是喜忧参半，这是实话。人们还经常说："松下先生真的是无比顺利啊！"报纸上也总是讲我赚了很多钱，松下电器的产品多么畅销，但真实情况则是问题到处都有。这就是人生。

无论在哪，企业的领导者一定都是最操心的人。作为总经理，我在吃晚饭时会经常感到食不下咽或食之无味，总认为事事都难如愿。虽然事难如愿，但还是要冷静下来思考原因，这是总经理的职责所在。作为总经理，不能没有忧患意识，如果操不了这份心，那还是辞职不干为好。

松下电器已经逐渐发展壮大起来，我已不再担任总经理的职务，连董事长的职务也辞了，现在成了企业顾问。但因为我是公司的创始人，所以我认为自己是任期为终身的总经理。也正因此，我总是片刻不得安宁。"放心不下"就是我的命运，也是我作为创业者的宿命。如此想来，我的忧患意识已成为我存在的价值。若是我认为自己已没有任何可忧患之事，一切都无比顺利，那我的价值也就没有了。

虽然担忧的事情有很多，但换个角度来想，正是因为有了忧患意识，才有了生存的勇气。正因为我时刻都在操心着企业的发展，松下电器才能平稳地发展到现在。我想或许只有死去才能够彻底摆脱这种成天忧思的命运吧！现在即使我已不担任总经理与董事长的职务，但作为企业顾问，依然少不了各种担忧。要说我开悟了有点可笑，但是又不得不这样想。正因为这样想，所以我靠着这样虚弱的身体也挺过来了。若不是这样，恐怕我早已精疲力竭了。

人有忧患意识才是人生的价值所在。假如一切都顺风顺水就体现不出人生的价值。所以，人生的价值必须靠自己创造。有各种忧患是好事，那才是事情正在向着正确方向顺利进行的保障。

064

忍耐：从付出中感受到存在的价值

我们不要考虑一切都能如己所愿。要毅然、决然地学会忍耐与付出。总有一天，你会从辛勤地付出中感受到自己存在的价值。

我也有许多觉得无聊或感到厌烦的事情，然而，这仅仅是站在自己的立场看问题。当我们不仅仅站在自己的立场上时，我们会发现，从那些无聊或厌烦的事情当中也能找到自己存在的价值。想到这一点，我便会选择忍耐并继续做事。

大家也一样，谁都不可能事事都称心如意，能有一半的事情随你所愿就算好的了，对于另一半的事情则不得不去忍耐。这与想要买到商品就必须付钱是一样的道理。简而言之，就是无论做任何事，我们都必须付出相应的代价。如果不愿出钱，那就鞠 10 个躬。如果你钱也不出，躬也不鞠，那事情往往就办不成。

面对困难，我们要有坚定的决心。要说辛苦，肯定辛苦，但是我们必须让自己适应到不再觉得多么辛苦才行，要从辛苦中感受到存在的价值。

相扑比赛的胜负在 30 秒或 1 分钟之内就已决定。但是为了比赛能够取胜，选手不知道要在台下苦练多久。选手都是咬紧牙关在坚持，忍受了常人难以忍受的艰辛，才能在那么短的时间内战胜对方、获得胜利。

训练期间，选手经常会有被对手撞击、倒地翻滚或身体受伤的情况，但必须咬牙坚持，他们也从中感受到了自己存在的价值。不能认识到只有辛勤地付出才能够体现出自己存在的价值的人是学不会忍耐的。

065

艰辛：要有吃苦的经历

没有吃过苦、遭遇过困难的人生是寂寞的，所以，吃苦这件事哪怕是自己掏钱买来也要去经历一番。成功人士在讲述自己的人生经历时，也最好要讲一讲吃苦的故事。

我个人认为，一个人只要有健康的身体、基本的学问和常人的智慧便什么也不缺了。因此，从这个意义上讲，很多人都是集幸福于一身的。

要我说，在我们每个人的一生中，若是没有吃过苦、遭遇过困难，那该有多寂寞啊！你们说是吧。有一些吃苦或者迷茫的经历是好事。当今社会，大家不必担心自己填不饱肚子。在学习期间，你们不仅能够食无忧，而且能够学到知识，什么辛苦也没有。也许有人说："不是那样的，也有很辛苦的时候。"
但我认为你那是自认为的辛苦。经历一些磨难可以装点我们今
后的人生，如果人生一直都很平淡、没有挫折，就太没意思了。

　　在我小的时候，有种说法："自己掏钱去买也要去吃苦。"
这句话说明了吃苦这件事多么重要。即使在自己取得成功后讲
述自己的人生经历时，也一定要说到它。所以，吃苦这件事哪
怕是自己掏钱，也要经历一番才行。如果抱着这个想法去做事，
那就没有问题了。

066

认知：成就源于好的想法

没有任何一个时代像今天这样，人们瞬间就能够获得巨大成功。所以，最为重要的是思考。若想法对路，必能成就一番事业。

如果大家都有想做某一件事的想法，那么这件事有 98% 的概率会实现。然而，不想则不会实现。即使是想做，也有许多事情是非常难以实现的。如果有了"一定要去做、必定能做成"的信念，几乎都能够如愿以偿、心想事成。在这方面，我回首自己的人生，可以理直气壮地告诉大家，我自己想做的事基本上都实现了，迄今为止几乎没有我想做却没做成的事。

所以，像今天这样想成功就能迅速取得成功的社会环境，可是从来没有过的。如果在德川时代，江户的消息传到九州就需要花上一个月的时间，但在今天，瞬间就能完成。成功也是瞬间即可实现的，然而从另一面来说也会瞬间失败。对于有志者来说，像今天这样得天独厚的时代是从来没有过的。

当今时代根本就没有什么不可能的事情。消息可以瞬间传遍全世界，事业也可以瞬间取得成功。如果我们不能有效利用当今时代赋予的机会，就会被时代所淘汰。因此，我们必须有顺应时代发展的清醒认识。

在这个难能可贵的时代，对有志者来说，只要想做的事就一定能做成。所以，你们必须去想，必须有"我要这样去做"的想法才行。如果你的想法本身没有错，就一定能够实现。

没有像当今这般容易取得成功的时代了。事业难以成功，或者自己的想法无法实现，请在自己的身上找找原因。对于想做、该做以及能做到的事情没有做到持之以恒，于是开始怨恨或抱怨他人，甚至怪罪社会，实在是太不应该。

成功的事业一定源于好的想法，希望大家于公于私都要抱有这一信念。最为重要的是要有自己的想法，只要想法本身没有错，就一定能够实现。这一点请务必牢记于心。

067

必胜：对胜利的执念

事业就是博弈。当我们不知现有产品该销往何处，或竞争对手拿到的销售订单比自己多的时候，就意味着失败。想要获胜，就必须有对胜利的执念。

就我个人经验来讲，我发现那些取胜信念强烈的人，最后都能获得胜利，起码 90% 的情况都是如此。

我基本上每天都进行着博弈。生意就是博弈，我们这边生意兴隆，竞争对手的生意就会萧条。不知道产品该销往何处，或竞争对手拿到了更多销售订单，那就意味着自己的失败。总而言之，没有执念是不行的，必须对胜利抱有执念。

068

稳妥：去做有价值、有把握的事

工作的成败与赌博不同，我们应确保认真完成工作，并将工作理解为自己的分内之事，我坚信应去做那些有价值、有把握的事情，并付出正确的行动。我们也需要为此不断地学习。

当我们没有把握将一件事情做好的时候，还是不做为好。有可能做成，也有可能做不成，有人就会赌上一把。我不会去做那种没有把握的事。既然要做，就要确保绝对的成功。我从来都是这样，像赌博之类没有把握而完全靠运气的事情，我决不会去做。

冒险激进的行事方式，实际上是一种自暴自弃的行为方式。做事不能自暴自弃。虽然有人主张事情只有做了才知晓，但我从未做过这样的事。我所做的都是有必要去做的事情，或是坚信自己应该去做的事。应该去做那些有价值、有把握的事情，并付出正确的行动，我们也需要为此不断学习。我认为大家能做到这些就足够了。

069

激情：以热忱为本

做事情最不能缺少的就是热忱。当你能做到脑子里 24 小时都在想着工作的时候就会惊奇地发现，在你的脑海里会浮现出许多新的想法与创意。如果没有浮现，原因可能是你对工作的热忱不足。

我们最不能缺少的就是热忱，仅仅凭借知识或小聪明来考虑问题是不行的。上二楼要有梯子才行，假如没有想上二楼的想法，就不会去找梯子。只有有了无论如何也要上二楼的强烈愿望，才会迸发生产梯子的智慧。**人们如果缺少了热忱、追求或愿望，则会一事无成。**

丰臣秀吉的军师竹中半兵卫原本是与织田敌对的斋藤的军

师。秀吉明白这些，但他毕恭毕敬、真心实意去恳请竹中半兵卫加入自己一方，最后成功地说服了他。人如果以热忱之心去做事，就不会觉得向人低头是件苦差事，也就能够说服别人。

诸事以热忱为本。有了它，就连睡觉的时候脑子里都会时刻不停地想着事情。我在工作的时候都舍不得睡觉。创业初期的近百种商品，全部都是我琢磨设计出来的。当时，我连吃饭都顾不上细嚼慢咽，即使是睡觉的时候，也要在枕头边放上铅笔和纸，如果想起了什么就赶紧记下来。那时候，我无时无刻不在思考着企业的生存与发展，没有时间和精力去想别的事，我脑子里 24 小时都在想着工作。慢慢地，我惊奇地发现在我的脑海里会浮现出各种各样好的想法与创意。如果你不能做到这一点，那只能说明你对工作的热忱还远远不够。

拥有素直之心，正视自己的经历与处境，我们自然就会生出感恩之心，就会明白为了回报社会应该如何去做，这就是使命感。

热忱之心需要身处逆境，并且在迫于无奈的情况下才会产生。

而那些在温室里的人，是绝对不会生出热忱之心和使命感的。这一点请大家务必注意，我们必须不断地逼迫自己走出舒适圈，如果精神上没有必须改变现状的紧迫感，就绝对产生不了热忱之心和使命感。

070

关联：建立联结

　　咫尺天涯皆有缘[①]。懂得世间一切皆与自己有关联，能把失败或受到斥责、批评当作"缘"来想的人必将强大起来。

　　如果你幻想着，忽然间有一位田螺姑娘来帮自己做事是不实际的，这样的幸运也是等不来的，我们不能有这种坐等意外收获的侥幸心理，而是要靠自己的双手去打拼。要想得到别人的支持，自己首先要去尝试并做出成绩，否则不会有人跟随。所以有没有人支持你，取决于你是否发自内心地想要做成一件事。与不认识的人交谈，如果能把对方变成自己的伙伴就很不错。哪怕是吵架也能结成缘，说不定对方也能成为自己的支

---

① "缘"是佛教用语，本文中的"缘"更多的是指不同人之间，或人与万物之间能够产生连接的契机。——编者注

持者。

　　要明白万事万物都与你相关联。如果能够得到身边人的支援，就没有什么是做不到的。一个人孤军作战能成事吗？有了"从今天做起"的想法就行动起来，三天过后，就会有一个支持者；10天过后，就能有两个。这样下去，不知不觉中支持者就会云集。我们必须抱定这样的信念，切不可坐等侥幸。

　　"千里之行，始于足下"，没有这样的心态是很难走到千里之外的。然而，只要你一步接一步地迈步向前，最后就能到达终点。只要志向不改就一定能做到，我认为一点都不用担心最终的结果。然而，你自己没有什么能够回馈社会的东西也是不行的，即使你现在什么都没有，但如果你有让未来能够变得更好的良策，那就等于拥有了取之不尽、用之不竭的资源，就可以向大家宣布自己有许许多多的资源与财富可以奉献给社会。

　　所以你不能认为自己孤身一人，要想着整个社会都可以成为你的朋友。之后就只是方法的问题了，也就是看你怎样去实现。做好了，人人就都能够成为伙伴。绝对成不了伙伴的人是没有的，你必须抱定这样的信念去行事才行。

　　不论何时都会有不顺利的时候，甚至也有被反对的时候，但这也是一种缘。我在经营企业的过程中，与那些老主顾打交道时，也不全都是从一开始就那么顺利的，其中也有因为货卖不掉而被退回，或给对方拿去了残次品而被责备的情况。当然，我并不是刻意地以次充好，只是碰巧拿过去的是残次品，对方生气很正常。不过，即使受到责备，我也想着："这也是缘，别人对我发火，恰恰是因为我们有缘。"我凭此能够抓住对方的心。拿去了残次品被人责备，却成为我们日后成功合作的基础。

第八章

走出困境

071

爆发：人在进退维谷时最为强大

人在进退维谷时最为强大。如果你有"不得不去做，不这样做宁可死掉"的心态，在事业上就一定能够有所成就。

我记得最初在街头宣讲"PHP理念"的时候，根本没有人响应。是的，最初的确很困难，我们做了许多徒劳的工作。但即便如此，我也认为这件事必须做下去，所以，我选择硬着头皮坚持继续做下去。我开始筹划活动的时候，既没有工作也没有钱，可以说什么都没有。收缴财产税的官员对我的调查结果是负债700万日元。当时的我已陷入进退维谷、走投无路的状况。

我始终坚信，对于一件事是否正确或这件事的真正价值，如果大家都搞不明白，就要根据自己的信念来行事，如果你认为这是必须做的事情就坚持做下去，终有一天会得到他人的认可。抱有必定会成功的信念去行事自然最好，即使没有足够的把握，也要有因为它是必须做的事情，哪怕失败了也要做的决心才行，我迄今所做的事情都是如此。对于我所认定的即使会失败也必须去做的事情，我会抱有"如果不做，明天宁可死掉"的心态来驱使自己，如此一来也就没办法不做了。我并非有多么崇高的理想，而是认为自己是在迫不得已下做了必须做的事情而已。

人只有把自己逼到进退维谷的境地，才能爆发出最强大的力量。现如今，诸位也许还没有真正体验过进退维谷的处境，都活得很舒适、从容。然而，一旦大家陷入绝境，需要团结一致去共同完成一件事的时候，所能达到的那种力量是能撼动天地的。

072

视角：认知无处不在

对于同一个问题会有多种不同的认知。若是用心观察，认知可是无处不在。我曾向青年员工提出过这样一个问题："树会随风而动，没错吧？树在动靠的是风，对吧？由此你想到了什么？""是的，树是在因风而动。"这样的回答是不合格的。我要问的是你感受到了什么。虽然我也不知道标准答案，但还是想试着询问一下。

其中就有员工做出了这样的回答："这是因为如果有风的作用，树就会动。""不仅限于风，如果有某种作用，树就会动。"还有人说："为了风，树在动。"转眼间就出现了三种不同的答案。这样一来就能明白这个人在考虑这件事时，用的是这样的视角；那个人在考虑同一件事时，却用了另一种视角。**不同的视角下，认知也不同，对同一个问题会有多种不同的认知。**

073

极简：把基本的事情做好

日本的武士都必须正襟端坐，他们认为坐姿规范是最基本的素养。在人际交往中使用基本的礼貌用语这件事看似与业绩无关，却是做人的基本素养，是极其重要的。

无论做什么事情，我们都要注意自己的衣着仪表。当然，工作也是有礼仪规范的。

无论你的业绩多么好、事业发展多么顺利，归根到底，只有认认真真地把最基本的事情做好才能取得成功。企业最终是由人来推动并向前发展的，因此每一位员工的素养对企业都极为重要。

我 9 岁去船场做学徒的时候受到过严格的训练。早晨很早就起床,洗完脸就去清扫左邻右舍的过道,但由于方法不当,经常被批评。于是我就去请教别人如何鞠躬、如何与人打招呼等礼仪规范。他们教给我许多说话、做事的基本礼仪规范,还要求我在离开前一定要行鞠躬礼。

这些事情看似与业绩无关,却是做人的基本素养,从育人的角度来讲是非常重要的。

我们的第一步要从这些极其简单的事情做起,这些事情做好了,必然会取得进步。你实际做了就会明白,其实越是简单的事情越难做好。一事成则万事成,把基本的事情做好就对了。

074

修行：扫除也是一种修行

有些事情，即使再不情愿去做，也必须把它完成。放弃修行就等于自舍宝物。

如果连招呼也不打就停止了扫除，那就等于偷懒。说实话，扫除这种看似简单的事情，如果不认真去做，也是难以掌握要领的。即使你再不情愿，也得坚持去做。必须有不管下雨还是下刀子都要去做的坚强意志才行。如果你只在方便的时候才出门，或只在天气好的日子才出门，那就算不上是修行。

做扫除也是一种修行啊。修行很重要，放弃修行就等于自舍宝物。

在一家企业里，如果一个人懈怠了，大家就都会变得懈怠。如果大家都能做到坚持不懈，就能充分发挥出集体的力量。我在 20 岁的时候，患上了肺结核，即使到吐血的地步也没有放下工作。我并不是怕受到批评才没有休息，而是因为担心不工作就会没有饭吃。那个时候是按天结算工资的，干一天给一天的工钱，所以休息就意味着没有工资，就会吃不上饭。

即便这样，我都活到 85 岁了。这就是所谓的精神的力量吧！朋友当中比我身体好的都先我一步去了，就留我一人还活着，奇怪吧？！

这些都是我的切身经历。要我看，你什么病也没有，健康着呢，所以什么也不用担心。该做的事情就要想方设法去完成，如果该做的事情都没有做好，那你就什么事情都做不了。

075

领悟：打扫的不是房间，而是人生

　　无论做什么事情，既然决定去做就要全身心投入把它做好。能做到这一点的人，即便去做扫除这样的寻常之事，在 10 年之间也会与其他人产生巨大差距。若对扫除之事认真探究，我们甚至可以从中领悟到人生的真谛。

　　我不知丰臣秀吉是怎样的一个人，但从评书和小说里了解到，他最初的工作是给织田信长拎草鞋。这份工作并不是什么体面的工作，他的社会地位极其低下，但他却非常珍惜这份别人眼里的低级工作，并且全身心地投入其中把它做好。

　　因为主人在穿草鞋的时候经常觉得冷冰冰的，秀吉就想出了把草鞋放到自己怀里焐热后再给主人穿上的主意。在信长出门前，秀吉便从怀里拿出鞋来提前摆放好。信长在穿上草鞋的瞬间感觉到了温暖。这件事彻底打动了信长。从此以后，信长开始重用秀吉，直到把他视为自己的左膀右臂，事事都依靠他。

所以，无论怎样的工作，即使再简单，不认真去做就会遇到各种麻烦。只要我们认真工作，在工作过程中，我们甚至还会收获新的发现。即使是扫地这样看似简单的事也是讲究技巧的，在清扫的过程中，你会发现还有很多种更省时、省力的方法。在清扫庭院绿植的过程中，同样也存在又快又干净的清扫方法，你还能学到关于树木施肥方面的专业知识。只要你认真工作，并且不断学习在工作过程中发现的新知识，最后说不定就能够成为绿植方面的专家，之后专职经营绿植也是份不错的工作呢。当然并不是要你一定去从事相关的工作，我想说的是，无论你觉得多么乏味的工作，既然决定做就一定要满怀热情地把它做好。

你们能否认真做好每天早晨30分钟的大扫除呢？如果仅仅流于形式，以应付的心态去做，那就没有任何意义，依然什么都掌握不了。一定要满怀热情，全身心投入地把它做好才行。比如你正在扫地，发现地上有落叶，通过观察，你就会了解绿植因缺水快干枯了，需要给它多浇些水了。这就相当于我们一边做扫除，一边还能够养绿植，凡事都要做到这样才行。在经营企业时，发现当前的商业模式并不好，你就要去做一些事情以改变这种不好的商业模式。

所以，只要你全身心投入，把每件事都做好，即使在做扫除的过程中，也能领悟出人生的真谛。如果只是抱着差不多就行的态度去做，那你只能是单纯的扫地工而已，就是这么回事。 各位即使在面对其他事情的时候，也要有这样的理念，否则就学不到任何精髓。我听说，你们每天做扫除的时候，不是每个人都能参加，我心里觉得很不舒服，这说明有些人完全没有领悟到做扫除的意义。说起为什么要让你们在培训班里做扫除，那是因为想让你们从扫除中联想到如何去做事。因此，我一直都认为扫除工作也是无比重要的事情。同样是在做扫除，有的人就能够领悟做事的精髓，而有的人只能是单纯的扫地工而已。10 年后，这两种人的命运会截然不同。

076

关怀：待客之本

接待客户要做到无微不至。我们应该站在对方的立场上来考虑一切问题，想方设法让对方满意，如果你做不到这一点，就没有领导他人的资格。

待客之本是给人以无微不至的关怀。如果发现宴席的坐垫摆放得不整齐，在客人到来之前，你就要及时调整过来，做不到这一点是绝对不行的。

会议筹备也是一样，资料的摆放、座次的安排等，一切都要站在客户的立场上考虑。如果安排给客户送礼物，一定要再三斟酌，必须做到让客户带着心仪的礼物满意而归才行。

这种待客思想并非只是针对生意上的客户，也应贯穿于处理人与人之间的关系中。对企业或经营者而言，员工也是企业的客户，需要管理者认真地对待才行。

如果你没有这种待人思想，就没有领导他人的资格。

077

体会：了解人情世故

人情世故不是靠学习来掌握的，只能自己去领悟。了解人情世故是人生中最为重要的事情，也是成就事业的关键所在。

了解人情世故非常重要，但也是最难做到的事情。若是懂得了人情世故，则万事都变得简单。然而，真正了解它的人太少了。人情世故是自己在不畏艰险、顽强拼搏的过程中，自然收获到的东西，因此，只有靠自己才能掌握它。

然而，人情世故并不能靠学习来掌握，即使想学也无从学起，它只能靠自己的领悟才能掌握。由于人的秉性不同，对它的领悟也会因人而异。

原则上，对不同的人予以不同的关怀与体谅是十分重要的。我们要懂得站在对方的立场上给予适当的关怀与体谅。见到上级领导的时候该如何言行，与司机又该怎样打交道，随时随地都能对不同的人施与适当的关怀与体谅，这些不就处处体现了人情世故吗？

若懂得了人情世故，做事就会顺利多了。不懂得人情世故之人，行事就会生出许多麻烦。有人特别善于观察，而越是善于观察，就越是懂得人情世故。

应该说我们还是有希望领悟人情世故的。说到底，我们只有在接触了许多人并且经历了许多事情之后，才能够领悟出人情世故的奥妙。

从佛教意义上理解，服务的核心在于拥有慈悲之心。**缺少了慈悲之心的服务就是无用的摆设，是不能够真正打动人的。**无论你对人情世故有怎样的理解与运用，要让它成为活的东西，内心深处没有慈悲之心是不行的，我认为这才是人生的根基。了解人情世故是人生中最重要的事情，对于想要成就一番事业的人来讲，其真谛就在于此。所以说，你必须紧紧把握住它。

078

落地：做好今天的工作

无论你有多么强烈的上进心，也要做好今天的工作。我们首先要了解现实生活是怎样的，还需要知晓人性，进而上升为对未来的思考。而我们今天所做的工作，是我们实现伟大理想的过程中极其重要的环节。

时至今日，松下电器在人们眼中应该算是一家大型企业。我认为，松下电器之所以能够顺利发展到现在，也是有其原因的。相比我们自己的发明创造，我们在与合作方、供应商、批发商或零售商等打交道的过程中，他们所教授的知识和经验对我们企业的发展更为重要，由此才培育出了今日的松下电器。松下电器虽然是在我的带领下发展起来，但是相比我个人的努力，那些来自社会各界人士的指导和建议，还有我们企业每一位员工的共同努力与成长更为重要。在众人一起培育的过程中，松下电器才得以发展壮大，达到了当前的规模。

无论你有多么远大的志向，不做好今天的工作可是不行的。为此，在今天你们依然是一名普通职员的时候，我要求你们必须竭尽全力去做一件事，那就是去零售店实习，今后还会安排你们去工厂实习。工厂实习结束后，还会分别安排你们去做其他各种各样的事情。通过这样的活动，让你们更好地了解现实生活，使你们加深对现实生活与人的理解，进而去思考将来要实现怎样的发展等问题。在实现这些伟大理想的过程中，我们今天的工作是极其重要的。

大家千万不能本末倒置。有人说："我打算把这些事情放到将来去做，所以现在不做这些事情也是可以的。"那样想是不行的，因为归根到底，路是由我们一步一步走过来的。

079

真诚：你能否写出打动对方的信件呢

你能否写出打动对方的信件呢？内容是否千篇一律？不要忘记，仅仅一封信，也会带给我们不同的结果，因为人与人之间的关系将由此开始。

你们在实习回来后都写过感谢信吗？发出去了吗？是怎么写的呢？你写的信能够打动对方吗？你发出的信是否能够让对方想道："这是谁啊，写得真是不错，太高兴了，他是懂我们的。"你写的是这样的信件吗？不会是千篇一律的套话吧？读了你发出的信，能否让人觉得"不枉照顾你一场"？你们是否写过这样的信呢？

如果你的内心真正地怀有感激之心，就一定能够写出这样的信。用千篇一律的套话来写信是没有任何意义的。从写信这件事上，就能把人区分开来，你是怎样的人就体现在这件事上。"松下先生开设的政经塾的学员们真是了不起，即便是普通的一封信都能做到与众不同，真是优秀啊！"如果能够得到这样的评价，那么政经塾就是成功的。

从一封感谢信中我们就可看出差异。这看似不算什么事，但人与人之间的关系将由此开始。这就是问题的关键所在。

有的人仅仅因为一次演讲深受触动就开始奋发图强，成长为一位了不起的人物。也有的人听过同样的演讲，但左耳进右耳出，演讲对他毫无触动。成功人士能够把他们听到的每一言每一语全都有效利用起来，真正的差别就体现在这里。因此，可以说一举手一投足皆为修行，皆为学问。

080

谦逊：尊视万物

你的工作不论多么枯燥乏味，对社会而言都是有价值的。世上不存在没有必要的工作，在这个意义上，人的存在也是同样的道理。

有人在做事的过程中感到人生非常有价值。然而也有另一种情况，旁人看来觉得非常好的工作，本人却不这样想。这种人总认为别人的工作有趣，自己正在从事的工作却很无聊。

然而，无论是怎样的工作，都有其价值，世上不存在没有必要的工作，工作都是因为需要才产生的。即使是自己认为简单、无聊的工作，它也能对社会发挥非常积极的作用。从这个角度来考虑的话，如果你能够非常出色地做好本职工作，就能给许多人带来巨大的便利与喜悦，同时也让自己的生活变得更加充实。如果你能够从中感受到人生的价值，便是好样的。若按照这种思路去做事，就一定能够成功。

所以，你认为是枯燥乏味的工作，其实并非真的如此。换个思路，就能把你的工作解释为非常有意义的工作。

对于某一事物，只盯住缺点是不行的，我们要尊视万物，看到好的一面。森罗万象全都是不可或缺的，认识不到这一点是不行的。

"那家伙和我合不来，我总觉得他很讨厌。"如果你还处在说这种话的阶段就说明你的修行还不够。无论面对怎样的人，都必须做到说"挺好的"。经常有人会说"那家伙太让人讨厌了"这样的话。说实话，我心里也有不太喜欢的人，但即便这样，也不能说出这种话。不管面对怎样的人，都必须做到心不生厌，希望各位学员都要这样去修行。

第九章

务实

081

重塑：不被知识束缚

我们不要拘泥于过去，要经常让自己回到原点。我们也不应该被自己的知识束缚，而要时常"清零"。如此一来，我们也会从丢弃的东西中找到新的价值。

现在，或许你是二十多岁，你要尝试将以前学习过的各种各样的知识有选择性地丢弃，将自己回归到一张白纸的状态，让人生再来一次，从头开始。即使从头再来，曾经学过的东西也忘不了，因为你已经掌握了要领。

请你不要被知识束缚，因为仅仅拥有经验便可得到智慧的启迪。这里全部是"得"，没有任何的"失"。虽然知识也有其价值，但若是被它束缚住，反倒会成为沉重的负担。虽说是尽量舍弃，然而曾经记住的东西是忘不掉的，还会好好地存在于你大脑的信息库里，并发挥积极的作用。

让我们来一次舍弃并重新来过的行动吧，在这个过程中我们会得到更为宝贵的经验。

082

把握：眼前的现实更为重要

百步之外、十步之外、一步之外的事都很重要，然而，我们先要看到一步之外的事。

我听说过这样一种说法：看到一步之外的人会成功，看到十步之外的人不一定会成功，看到百步之外的人注定会失败。这句话其实是在劝诫大家面对眼前的现实更为重要。

的确，先见性很重要。从这个意义上讲，看到百步之外是很重要的，但实际上，一步之外的事情是最容易实现的。举例来说，看到一步之外的人可以从米柜里取出米来，煮好就可以吃了；若是十步之外，就需要耕田种稻；百步之外，就需要考虑明年的气候会怎样，必须做好歉收的准备才行，但我们是很难把握气候的。因此，我们最应该把握好一步之外的事情，只要从米柜里取出来煮好就可以了，这是最容易实现的事情。

你所看到的每一步都是必要的，认识到这一点就可以了。一步之外，就是把米从米柜里取出来煮好，这也是现在最紧急且重要的事。现在，你们各位只要能够看到一步之外的事就可以了。耕田种地的事还早着呢，但也要多加留心才行。不留心观察十步之外、百步之外也是不行的。

083

尝试：似懂非懂足矣

对于世上所有的事情都做到心领神会是很难的，我们要学会在适当的地方做出结论。认清"适当的地方"非常重要，它是"只能意会不能言传"的一种感悟。

大家都听说过似懂非懂吧，你能够模模糊糊地明白也就足够了。要把一件事彻底搞清楚，达到心领神会的程度，几乎是不可能的。如果你觉得大体上就是这个样子，那就可以了。

我很清楚你多少还有些疑问。你可能在疑惑，达不到心领神会真的可以吗？能够达到心领神会当然好了，但是大部分人是达不到的，很多时候我们都在摸着石头过河。

若是对一个问题追本溯源展开讨论的话，有可能会花上一生的时间。即使花上一生的时间，到了我们真正明白的时候也该死去了。这叫作"空谈误己"，这种"空谈误己"的事绝对不能做。世上几乎所有的事情都处于一种暧昧和模糊的状态。谁都想追本溯源抓住事物的本质，然而这要花费相当长的时间才能实现。假如你真的把相当长的时间都投到了这里，那你一辈子就将白费了。**实际上，有很多时候都需要我们当机立断，即便我们并没有看清楚整个事态的发展。**

因此，我的行事方法便是在半信半疑中做出结论。"松下式"经营法是极其实用的。我什么都不知道，虽然不知道，但我能够在适当的地方做出结论，因此才有了今天的这一切。如果说这件事还必须再深入地考虑一下，那么这项工作也就做不成了。

所以，所谓"适当的地方"是无法用语言来表述的，它说不清、道不明，是一种感悟。太聪明的人是做不到这一点的，像我这样的智商就正好合适，这是真的。

084

收放：驾驭自我

人的内心是能够做到伸缩自如的。领导者首先要驾驭自己的内心，若是不能驾驭自己，又何谈领导他人。

我有幸在小时候有一段为吃饱肚子而犯愁的经历。每当想到这段苦难的日子，我就会感觉现在过得还不错。

在当时的情况下，能够得到别人的帮助可以说是我的运气好！因为运气好，所以我做事就能取得成功。我一直这样认为，无论什么时候都往好处想，都往好处看。我想正是这种心态帮助了我。

比如，在我 15 岁的时候，有一次我从船上掉到了海里，那是我遭遇过的一次大灾难，衣服什么的全都浸泡在了海水里。对于这种事，有的人除了"后怕"之外，想到的可能是自己损失了财产，真是太倒霉了！

然而，我并没有那么想。被人搭救，大难不死，这是我的运气好啊！因此我很快就释然了。我希望大家凡事都要像我这样，换一种思维，往好的方面去想。

人的心就像孙悟空的金箍棒，既能放到耳朵里，也能变成顶天的巨柱，收放自如。**人的心是能够做到收放自如的，它既可以使你对曾经愤恨的事情生出感恩之心，也可以令你对现在所发生的好事生出怨恨等各种负面情绪。** 因此，如何管控自己的心态是非常重要的。身为领导者如果不能驾驭自己，就更别谈领导他人。

085

交流：相互学习

领导者在面对下属、后辈和学生们时，要做的不仅仅是教育，还不要忘记，作为一个普通的人与他们真诚地交往。

大家觉得我是个很了不起的人，你们有这样的想法我非常高兴。但是，只要是人就会有优点与缺点。如果一个人的优点有很多，那么他的缺点也一定不会少。因此，我想在今后与你们各位相处时，请你们找出我所有的缺点与不足并提出改正建议。这件事可是一定要请你们来做的。

当然，作为塾长的我也会对你们提出各种各样的忠告与建议。但是，你们也要指出我的不足之处。你们要发现我的缺点、指出我的不足，用这样的方式来帮助我不断地完善自己。

　　每个人都有各自的优点，我也要向大家学习。虽然名义上我与你们是塾长和学员的关系，然而，我并没有把自己当成老师、而把你们当成学生这样的想法。从年龄上来看，我是你们的老前辈，但在其他方面，我想你们应该是我的前辈。

　　我浑身上下有很多缺点。请你们一定不要把我当成伟人来与我相处。如果我在大家心中的形象还是那个了不起的伟人的话，那可就危险了。让一个普通的松下幸之助来与大家交谈吧，让我们相互学习、共同进步。

086

摆脱：不受羁绊

谁都会经历悲伤的事情，但不应执着于此。我们如果受其羁绊，则是在浪费生命。

有人问我："从您小学辍学离开和歌山那时起的故事，我们一直都在聆听。但在漫长的人生当中，您有没有觉得哪件事很快乐，或是哪个时候很高兴呢？"

我回答："是啊，直截了当地讲，就是我第一次拿到工资的时候，那是我最高兴的时候。"

又有人问我："您有觉得特别悲伤的事情吗？"

我回答："那倒没有太深的印象。不过，我也是普通人，所以，对于普通人感到悲伤的事情，我也会感到悲伤的。但即便当时很悲伤，我也不会让自己深陷其中。如果被情绪羁绊，在悲伤的情绪中无法自拔就是在浪费生命。"

087

反思：审视自己

与其让别人来观察你，不如自己来观察自己。学会审视自己是非常重要的，自己的缺点与不足要由自己来发现。

你有没有审视过自己呢？就是经常观察自己。可以假想一下你本人从身体内走到外面来，观察现实存在的你。我们要试着这样审视自己。然后试着对自己说："我知道自己的缺点了，原来我是这样的人，那我这就回去把这个缺点改过来。"

这和从外面看自己建造的房子，改造那些不完善的地方是一样的道理。房子建好了，要走到外面去看一看。这样一瞧，如果你发现屋檐太低了，就会把屋檐再往上提一提。即使是自己建的房子，如果自己不走到外面来看也是看不出问题来的。

实际上，人是不能从身体内走到外面来的，所以，我们很难做到仔细观察自己。每个人都会对自己有一定程度的了解，但也只是很有限的程度。的确，用肉眼是观察不到自己的。我们索性试着来一次自己对自己的审视。像这样来一次自问自答。

"你这里不行呀，这里不改过来可是不行的呀！"

"是吗？那我来试着改一下。"

这样试着自问自答怎么样？如果由我来指出你的问题，你或许会说"您那么说是因为还不了解我"。由你自己来说的话，总不能说你不了解你自己吧。大家都必须做自我审视。相比于我来观察，你们自己来观察自己更为重要。

我注意到审视自己的重要性是从创建 PHP 研究所之后开始的。我自己经常以自问自答的方式来审视自己的缺点与不足，经常对自己说："松下幸之助原来有这样的缺点啊。哦，是吗？那我这就来改。"直到现在我都这样去做，但在创建 PHP 研究所之前我并没有注意到这一点，在创建了 PHP 研究所以后才明白了许多事情。

有一天晚上，我去寺院进行 PHP 研究所的宣讲工作。宣讲工作直到晚上将近 10 点才结束。大家一天都没怎么吃东西，感到饥饿难耐。寺院的人就说："松下先生，难得您从 7 点到 10 点已经给我们讲了 3 个小时，可是我们也没有什么东西能送您。这里有米糕，我们烤来给您吃吧。"烤好后大家就分着吃掉了。当晚的米糕实在太好吃了。肚子正饿着，再加上那时经常都吃不饱，所以我觉得当时米糕的味道实在太美味了，怎么也忘不了。

就在那个时候，我注意到了审视自己的必要性。当时我所进行的宣讲工作把要讲的内容都讲完了，当场虽然没有人反对，但也完全没有人响应。为什么没有人响应呢？于是我就进行自我反思，结果我发现，那时我们进行的宣讲内容并没有真正能打动他人的东西，所以没人响应是理所当然的，是我自身有问题，只是自己没有发现而已。

因此，我改变了自己的思维方式。我决定那个时候还是不要考虑发动别人了，还是自己先学习为好，只要能够对自身的学习与提高有帮助，那就足够了。我觉得以当时的处境，让别人接受自己的观点，并与自己一起行动实在是有些强人所难，还是加强自身的学习与提高更为重要。于是，我就自己说给自己听："告诉你幸之助，这样做事可是不行的！就你说的这种事没有一个人会支持你。不过要是能够从中学到些东西也是不错的，如果能够结识到志同道合的人，你就该十分满足了。你要这样想才行。"从那之后我持续奋斗了 30 年，到如今已有了众多的追随者。

088

共赢：彼此真心诚意

千万不能忘记服务之心，因为这一心境是连接彼此之间的纽带。

说到底忘记服务之心是不行的，我们需要彼此相互服务。我在为各位服务，你们也要为我服务才行啊，这就相当于相互侍奉。相互侍奉这件事是非常重要的，一定要心怀此念，它是连接人与人彼此之间的纽带。我们如果不懂得这个道理，那可就麻烦了。

"和"能产生很大的力量，以和为贵。没有"和"就产生不了强大的力量。对此不仅要做到记在脑子里，更要置于心间。

今天要说的是"以和为贵"这件事。"和"是第一位的，这已经是得到大家共识的事情了。不以"和"来做事就不会有任何力量。若是没有了"和"这一强大的力量，所有正在做的事情都不会很顺利。

089

坦诚：素直之心是人之本心

在我看来，这颗素直之心是人类与生俱来的，是人之本心。在生活和工作中将素直之心完完全全地展现出来，是人类原本应有的、理想的状态。

如何才能做到人走正道、业行正路呢？很重要的一点，就是在充分理解正道真正含义的基础上，不断实践。归根到底，最不可欠缺的还是我们每个人的这颗素直之心。总而言之，正因为人人怀有素直之心，才能实实在在地行正道，在现实生活中更好地发挥出我们的风范。

究竟怎样才能做到人人坦诚相对，拥有素直之心呢？难道我们需要去做一些特别的修行才能成就素直之心吗？当然，经历那些所谓的苦难修行，可能会起一定的作用；不过我们应该清楚地认识到，"人之初，性本善"，每个人天生就是拥有素直之心的。也就是说，并不是那些经历过特别修行的人才能拥有素直之心，我们每个人只要在生活中与人坦诚相待，在努力实践中前行，就能保有一颗素直之心。这颗素直之心实质上是人之本心。

090

顾虑：为什么素直之心难以体现

人类天生怀有一颗素直之心，那么为什么在生活中常常体现不出来呢？我想其中一个原因就是我们在成长之路上受到了各种各样的"牵绊"。

刚刚出生的婴儿，其心灵如清水一般澄澈，他们要玩具时，会直接表现出想要的心情。这就是素直之心毫无掩饰、完全展现出来时的姿态。

我们在孩提时代都曾毫无掩饰地展现过自己的素直之心，但在经历过种种人生际遇后便很难如此。人生中总会遇到一些不如意的事情，经过这些事我们都学会了一套碰壁后的解决问题的方法。这也是人类不断学习、变得聪明、变得智慧的过程。

从另一方面来看，这也是人类成长必经的过程。可惜的是，伴随着这份成长，这颗素直之心也在发生着变化，它越来越难展现出来，或者说它被隐藏在我们获得的知识与智慧里。

例如，小时候家长会告诫孩子"不要说谎"，孩子一开始会用心守护这份诚实。但是，随着孩子慢慢长大，他们渐渐学会了隐藏一些不利于自己的事实。正是这份自我保护的"智慧"，使得我们的素直之心不能更好地展现出来，或者说我们用"智慧"这件外衣将素直之心遮盖了起来。

这种保护自己利益的"智慧"虽然有令人满意的一面，但如果我们只看重这一面，不就等于掩盖了我们的素直之心吗？

不谙世事的婴儿最初都怀有一颗素直之心，但随着岁月流逝、经验累积，人们在考虑问题时往往开始瞻前顾后、顾虑重重，素直之心就这样离我们远去了。

第十章

心境

091

欲望：不受私心所困

　　素直之心的内涵之一，就是不受个人利益与欲望驱使，不为私心所困。

　　一般来说，人们在生活中存有私心，追求个人利益与欲望，其实是很正常的。反过来讲，毫无私心的人，即那些圣人，他们已经从俗事中超脱了出来，达到了我们这些凡夫俗子远远无法达到的境界。我们普通大众一般都是带着各自的私心去生活和工作的，即便如此也无伤大雅。

　　但是，我们不能被私心所困，成为个人利益与欲望的奴隶。当我们由私心驱使去思考问题和行事时，往往会引发一些令人不愉快的事端。

实际上，当今世上，有很多被私心所困的人。这些人在大多数情况下都会招致不幸。特别是那些手握各种权力的人，若是受私心驱使去行事的话，将招致不可预计的灾难。

所以说，人人拥有素直之心是多么重要啊！若是能做到拥有素直之心，我们即使存有私心也不会被其所困，而会照顾到他人的感受。

做生意也是一样的道理。经商者要同时考虑到自己、生意伙伴、客户三方的利益，在优质服务上下功夫。只有这样，才能生意兴隆，才能真正做到有利于社会发展。拥有素直之心、不被私心所困，也可以看作是为了实现双赢或者多赢，这种心态往往能够推动事情朝着更好的方向发展。

当然这不仅是针对商业领域，这种不为私心所困的态度及行动，在小至日常生活的方方面面、大到整个社会活动中，往往都能给我们带来满意的结果。

话说回来，做到了不为私心所困，不正是拥有素直之心的表现吗？

092

谦虚：倾听

所谓素直之心，也是一颗无论面对何人何事都懂得谦虚倾听的心。

在日本，有一位名为黑田长政的武将。相传他每个月都会召开两到三次题为"不可生气"的谏言大会。参会者一般有六七人，以元老家臣为首，都是些足智多谋、勇于谏言献策、忠于主公之人。

在会议开始前，黑田长政总是会发表例行致辞："今夜所提之事，众人听后切勿上心，绝不可对他人提及，更不可于交谈时不悦动怒。然，可畅所欲言。"

参会者在立誓遵守上述原则的基础上，直抒己见，开诚布公地批评黑田长政的缺点，指出其在处理事务上存在的不合理的地方，甚至为被其惩戒的家臣鸣冤。总而言之，在这个会议上，参会者会提出一些平日里难以开口的话题。

据说，有时黑田长政会面露不悦，此时家臣们就会问他："您这是怎么了？感觉您好像生气了啊。"黑田长政听到后，面色马上缓和下来，说道："哪里，哪里，我没有一丝不悦。"

这种谏言大会非常有效，所以黑田长政在他的遗书中说道："今后，该谏言大会仍须照我所立规则每月召开一次。"

说起日本武将，我们在脑海中浮现的多是在战场上指挥全军作战，对部下厉声呵斥的形象，他们都握有生杀大权，所以人人敬畏。家臣在向主公进言之前大都已经做好切腹自尽的心理准备。正因为如此，除了视死如归的忠臣，谁也不敢直言劝谏。

如此一来，君主不听取良言，被甜言蜜语蒙蔽，势必会误国误民。黑田长政正是深知忠言逆耳利于行的道理，才提议月月召开谏言大会的。

当然，黑田长政也非圣人。家臣当面指责他时，他也会生气。但他知晓若是生气动怒，此谏言大会将形同虚设。因此在会议开始之前，他事先声明"不可生气"，立原则约束彼此，以避免发生冲突。这实为明智之举。

谏言大会得以长久召开，是因为黑田长政拥有一颗谦虚的心。他深知自身存有不足，还有未体察及不懂之事，需要别人进言提醒自己、鞭策自己。

当然，作为主公，他希望自己的江山绵延强盛，这是他的治国之道。不过在这之前，他更明白，人无完人，谦虚接受他人的意见是非常重要的。正因如此，他能够把家臣的指责当做鞭策自己的良言，虚心听取意见。

这份谦虚来自我们每个人的素直之心。无论在哪个时代，我们都需要以谦虚的姿态听取别人的意见。

换言之，拥有素直之心就能培养出谦虚的态度，有了谦虚的态度就不难接受别人的意见。黑田长政之所以能够长久维持爵位，就是因为他能够谦虚听取他人的良言。

093

原谅：宽容

素直之心中包含一颗接纳所有人和事物的宽容之心。

人活在世间，通常都不会离群索居。平日里人与人之间相互接触、靠近，有着特定关系的人们之间开启共同生活的模式。在这种共同生活的模式下，有很多非常重要的事情需要我们尽力去实现，但我认为让每个人都得到幸福是最为重要的一件事。而想让每个人都生活得更好一点，就一定要有"宽容"之心。

世界上没有完全相同的两个人。有的人高，有的人矮；有的人声音洪亮，有的人柔声细语。如果个高之人对个矮之人恶语相向"世界上怎么会有这么矮的人，真是难看至极"，想必个矮之人必定会暴怒。不过，即使后者再怎么生气，也无法轻易地从这种共同生活的模式中逃离。所以说，若是因不能认同彼此间的差异而心生排斥的话，人们是很难找到一个令人满意的共生环境的。当然，身高歧视只是一个比喻，现实生活中遇到此类分歧并不会夸张到这种程度。

每个人的个性、风格虽然不同，却都有其存在的价值，也都值得被尊重。如果每个人都能充分发挥自己的特质，我们生活的品质也就能得到提升。因此，即使世上有你看不惯的人，你也不该恶语相向，而应承认其存在，彼此和睦相处。唯有如此，每个人的才智才能得到自由、充分的发挥，人们的生活才会越来越好。

所谓宽容，就是心胸开阔，温暖待人，对别人的过错不过分苛责。对那些曾犯下错误却心怀善意、真心改过的人，我们不应该因为他曾经的过失而永远憎恨他、否定他。

人们往往察觉不到自己的错误，或者热衷为自己所犯的错误辩解，而对他人的罪行难以原谅、心存芥蒂。因此，当他人做错事时，人们会很快开始谴责，很难以宽容的心胸去看待这一切。事实上，如此数落对方的过错，是很难达到劝人改过的目的的，反而容易招致争吵、怨恨等纷争，情况会变得愈加糟糕。

考虑到以上这些，我们每个人都需要培养宽容之心，做到彼此容纳、谅解。温厚待人，他人自会宽容待己。若是如此，我们的生活也定将更加融洽、更加安逸。人与人之间的情感也会更加深厚，每个人的才能也能得到充分的发挥。

那么，这颗宽容之心究竟从何而生呢？当然，还是来自我们的素直之心。换言之，拥有素直之心，自然就会心胸宽广。

拥有素直之心，我们便能够客观、全面地观察每一个人和每一件事物，并使其发挥应有的价值。拥有素直之心，自然会明白每一个人和每一件事物的优点、存在的意义和价值，从而悟出"天生我材必有用"的道理。反过来讲，正是由于存在差强人意的事物，我们才能看到其他事物的好处。

总而言之，拥有素直之心，自然就会有对待世间万物的宽大心胸。

094

认清：洞悉真相

所谓素直之心，也是一颗可看清事物本质、洞悉真相的心。拥有素直之心，便能看清事物的本质，做出正确的判断。

如果我们透过有色眼镜去看待事物又会怎样呢？所看到的东西的颜色一定和实际的不同。比如用蓝色镜片去看东西，就不能看出事物原有的颜色。再如，若所戴眼镜的镜面扭曲，那么看到的事物也必定是扭曲的。

然而在日常生活中，我们很容易戴着有色眼镜去观察事物。例如，我们会站在自己已有的知识、学问层面去观察，或者受自己欲望的驱使、站在个人得失的角度去分析；再者，我们会受主观思想左右等。虽然每个人都有很多不得已而为之的事情，但是归根到底还是因为我们被自己的感情、想法所束缚，看不到事物的本质。即使我们想要正确看待事物，也难免被各种"有色眼镜"误导和蒙蔽。

日本人又是如何看待自己的呢？是否能够客观而理智地分析自己呢？如果不能，就不可能看清自己的真实样貌，真正了解自己。

长此以往，将不利于个人和整个社会的健康发展。要避免发生这种状况，就要引导人们培养素直之心。只有怀有素直之心，才能拨云见日，看清事物的本质，从而做出正确、适当的判断。

如此说来，素直之心确实有其伟大之处。假如我们都能做出正确的判断，然后采取适当的行动，那么整个社会就将呈现出一派安稳、和谐的景象。

总而言之，人人拥有素直之心，就能看清一切事物的本质，做出正确的判断。

095

虚心：谦虚学习

所谓素直之心，就是一颗不断学习、虚心求教的心。

如果我们能够积极度过此生，多体验、多学习，那么长此以往我们的知识和经验就会与日俱增，个人和社会也会不断进步、不断发展。

在日常生活中，我们每天都会和别人进行简单的交谈。如果只是泛泛而谈，想必聊完后也不会有什么收获。但是，如果我们能够秉持学习的态度进行交谈的话，也许就能够在不经意间获得一些意想不到的知识。所以，只要我们拥有求知的欲望，就一定会在日常聊天或是生活工作中，学到很多不曾了解的知识或是吸取别人的经验教训。

学习这件事儿，从来都不是只能在学校完成的。是否能在有限的人生中学到无限的知识，取决于我们是否有一颗虚心学习的心。若是没有虚心学习之心，无论看到过什么、做过什么，都只是"走马观花"而已，事后不会有任何收获。例如，即使经常与人交谈，也不会注意观察他人的举止，了解各类社会动态等，而只是停留在空谈和八卦的层面。

有时，我们的某句无心之失会招致对方不愉快，甚至会产生口角，这时就要懂得反省。换言之，如果我们能够谦虚做人，勇于承认自己的过错并真心道歉，不仅能化解矛盾，还能避免一错再错。

反之，若是没有虚心学习之心，则不会反省自身、虚心改过，以后免不了就会重蹈覆辙。人们要成长，不仅可以通过个人体验去学习，还能从他人失败的教训或社会百态中学习。总而言之，一个人若是不能虚心求教，就很难"借他山之石攻玉"，也就不会发现他人的优点和智慧，取他人之长补己之短。

从长远来看，不虚心不但不利于自我的成长进步，还将阻碍所属团体的发展。因此，人人都应培养虚心学习之心。

只要用谦虚的态度不断学习，我们就会发现任何人、任何事物，都有值得学习之处。从虚心学习之心出发，人人都能积极向上、不断进步。

虚心学习之心也来源于素直之心。之所以这样讲，是因为素直之心如白纸一张，能够吸收、接纳一切。我们在这张白纸上可以任意书写绘画，画面永远填充不完。拥有素直之心，就能以谦虚的态度看待任何人和任何事物，并从中吸收知识与经验。比如聊天时获得一些启示，看到路旁的花草得到一些人生感悟。

总而言之，只要拥有素直之心，就能虚心看待世间万物，在不断学习中获得新的知识，从而产生谦虚、求新、积极的态度。

096

应对：融通无碍

素直之心，也是一颗融通无碍之心。换言之，只要拥有素直之心，无论何时遇到何事，都不会惊慌失措，而能随机应变、镇静处理。这样一来，我们就不会固执己见或是被固定模式所绑架。对于无比困惑、毫无头绪的事情，也能应对自如。

古有牛若丸途经京都五条桥受弁庆拦截一事的记载。据说，弁庆欲夺其身上所佩大刀，牛若丸身手敏捷，轻松躲开，趁隙还给了弁庆狠狠一击，令弁庆输得心服口服。若是牛若丸没能敏捷躲开，必将死于弁庆刀下，更不会有日后留名青史的源义经。

融通无碍之心的作用，从某一方面来看，就相当于牛若丸的矫健身手。所谓融通无碍，并不是彻底改变自己的想法，而是随机应变，寻求更合适、更正确的看法。如此一来，才能够如牛若丸一般，一击即中，满意收场。

简单来说，每个人都难免遭遇失败。但失败并不可悲，因失败而灰心丧气，沉迷于消极的状态之中，无疑是在缩短生命的长度，这才是真正的悲剧。

换一个角度来想，若能拥有素直之心，考虑事情时能够做到融通无碍，就能避免陷入上述不幸之中。即使深受失败的打击，也能把失败看作成功之母，重新振作起来。

凡事要懂得变通，遇事不钻牛角尖。无论失败的打击有多大，也不放弃人生，而是勇敢地重新来过。即使悲伤过、颓废过，也能重新站起来，努力生活，用力微笑。

养成素直之心，遇事就能少一些想不通，处理问题也能随机应变，就如流水一般，冲走障碍物。同理，只要拥有素直之心，无论遇到什么困难，我们都有信心战胜它，勇往向前。

人人拥有素直之心，则可以避免不必要的冲突、纷争，维持和谐的状态，用笑容经营生活与事业。

总而言之，拥有素直之心，就能积极向上，随机应变，做到事事融通无碍。

097

冷静：平常心

所谓素直之心，就是一颗无论遇到什么事情都能够保持冷静、泰然处之的心。

日本"剑圣"宫本武藏所著的兵书《五轮书》中讲述了很多兵法要义，其中提到，"兵法之道，贵在能够时刻保持一颗不骄不躁的平常心"。这就是说，即使在战场上，也应该持有一颗平常心，保持冷静、沉着应战。但是，说起来容易，做起来难啊！

战场是搏命的地方。兵戎相见，一决生死，所以很容易令人陷入极度紧张或是亢奋的状态之中。

不过，当精神一直处于紧绷状态时，人们反而难以冷静思考，身体也容易僵硬，失去敏捷的身手与反应，最终导致失败。

战场上的失败往往意味着死亡。正因如此，保持冷静的头脑才显得格外重要。宫本武藏之所以主张应该随时保持平常心，冷静处事，正是出于这个原因。

当今社会，我们几乎没有需要决一生死的时候，因此，上文所述的平常心并不只是在决一生死时需要，在我们日常生活中也是不可或缺的。

无论是在日常生活还是工作中，我们经常看到由于失去冷静而惨遭意外失败的例子。

例如，为了赶时间闯红灯而发生意外，使自己受伤甚至丧失生命的例子不胜枚举。再如，司机超车时速度过快，造成伤亡的惨剧也屡见不鲜。可见，虽然我们现在不用搏命沙场，但也避免不了一些人为原因导致的死亡事件。所以，我们应该随时保持一份平常心和冷静的头脑。

此外，在人与人的交往中或参加考试和各种竞技比赛时，保持一颗平常心也是颇为重要的。

只要人人拥有素直之心，就一定能够培养出平常心以及冷静的头脑。换言之，以素直之心去看待事物，就能够冷静地观察和分析问题。

一个人之所以会失去冷静的头脑，是因为心有杂念，不能平静。就如我们上文所说的车祸，是由于内心被一种"不快一点就赶不上了"的念头控制才发生的。这样说来，要想拥有素直之心就要做到心无旁骛。

098

判断：认清价值

所谓素直之心，就是一颗能够辨别好坏、判断事物价值的心。

假如有人向你提供好的建议，你会以什么样的心态去回应？

对此，你可以采取多种态度去回应。第一种是"谢谢您给我提出的宝贵意见"，用感谢的心情接受，然后让其发挥作用。第二种是"多管闲事，毫无用处"，用拒绝的态度回应对方。第三种是认为对方"嘴上说为我好，说不定为了自己的利益呢，还是小心为妙"，因此不但拒绝接受对方的建议，还怀疑对方的好意。

拥有素直之心的人，一定会采取第一种回应方式。因为他们能够分辨好坏，对别人的善意表示感谢。

但遗憾的是，许多人并不能区分事物的好坏和价值，有时候会用怀疑和不信任的态度，固执地拒绝别人的好意。别人难得真心给你提出的建议，反而得不到你的认可。当然，一些人不仅不能分辨好的意见，当别人提出一些很不错的主意和一些新奇的想法时，他们不能正确判断其价值。这样的人会错过很多成长的机会。

有价值的东西，我们应该承认其价值，并利用好这种价值，从而推动个人的进步和社会的发展。

如果人人拥有素直之心，就一定能够看清事物的本质，而看清事物本质的先决条件，就是具备辨清好坏和判断价值的能力。可以这么说，一颗素直之心，恰恰是认清事物好坏与价值的关键所在。

099

慈悲：博爱之心

所谓素直之心，就是一颗使人类与生俱来的博爱及慈悲得以充分发挥的心。

在看到他人有困难的时候，我们都会伸出援手，这是人之常情。当然，也有人选择无动于衷。不过呢，若不是身不由己，大多数情况下我们还是会听从内心的声音，能帮人一把就帮人一把。毕竟幸灾乐祸的人只是少数。

人人都希望困难尽可能减少，大家平安快乐地生活。所以看到别人有困难时，也会尽其所能提供帮助。

人类天生就拥有博爱之心和慈悲心；拥有互相尊重、互相照顾、宽容待人、互帮互助的美德。

　　但是，在现实社会中，很多时候我们的爱心和慈悲心并不能完全发挥出来。放眼世界，我们的身边不断发生纷争，一些人彼此仇视、指责、憎恨。

　　为什么我们不能把天生的爱心和慈悲心发挥出来呢？原因有很多，最主要的原因是我们被私心所困，使得与生俱来的温暖之心难以体现出来。例如，遇到利害冲突时，不顾他人只顾自己，心生憎恨，温暖的内心就会被隐藏。

　　此外，过分坚持己见也容易引起冲突，好胜和憎恨都会将爱心隐藏起来。人们要是只顾自己的利益，固执己见，心生责难，否定对方的看法，又怎么能将我们与生俱来的博爱之心展现出来呢？

　　若是人人能够拥有素直之心，就不会被私心所困，就能使我们天生的博爱之心及慈悲之心充分展现出来。

　　助人于危难之时，救人于水火之中，人人相互尊重、相互帮助，生活也必然会更加幸福。换言之，拥有素直之心，就能充分发挥人类与生俱来的博爱心与慈悲心，使我们的生活更加美好。

　　总之，素直之心与博爱之心及慈悲之心紧密相连。

100

平和：为人处世当谦虚宽容

只要努力，几乎所有人都能达到素直之心的初段。对于普通人来说，达到素直之心的初段水平就很优秀了。达到初段，就能独当一面，很好地胜任领导的位置，日常生活也能畅通无阻。因此，我们先以达到初段为目标，这也是大多数人都能达到的目标。

我认为，从孩子幼年期开始就培养素直之心是十分有必要的。在学校教育方面，作为基础教育的根本，要教导学生有一颗素直之心。如若这些都能实现，那么这些孩子今后就能更顺利地到达素直之心的初段水平了。

为人处世当谦虚宽容，我想每个人都希望自己能幸福，并建立一个大家都能幸福生活的社会。但现实情况是，我们身边有许多人总是在担心、害怕或烦恼。悲伤、愤怒或憎恨的情绪搅得他们心绪不宁，不满或嫉妒的情绪又使他们心情郁闷。

为什么会这样呢？每个人都有自己的原因，不能一概而论。但我认为归根结底是因为素直之心没有起作用。若缺乏素直之心，我们就可能因为他人不顺从我的看法；他人反对我的意见；他人轻视我、不愿意认同我；这件事对我无益；他人明显错了；他人做了令我不高兴的事情等理由，而指责、怨恨他人。

当然，我认为有情绪是人之常情，有时也是情非得已。但不能因为这样就将问题束之高阁。如果将其束之高阁，坏情绪就会使我们陷入烦恼之中，不利于我们实现幸福生活的愿望。

当对方做出让自己看不惯的事时，或是对方犯错之时，我们不要一味地厌恶、指责，而要友好平和地处理。保持友好平和的态度，在谈笑间指出对方的问题，才能让人承认错误并努力改正。

版权声明